图书情报与信息管理实验教材

# 多媒体技术应用实验教程

Experimental Instruction to
Multimedia Technology Application



王平　严冠湘　编著

WUHAN UNIVERSITY PRESS
武汉大学出版社

**图书在版编目(CIP)数据**

多媒体技术应用实验教程/王平,严冠湘编著.—武汉:武汉大学出版社,2017.9

图书情报与信息管理实验教材

ISBN 978-7-307-18369-8

Ⅰ.多… Ⅱ.①王… ②严… Ⅲ.多媒体技术—高等学校—教材 Ⅳ.TP37

中国版本图书馆 CIP 数据核字(2017)第 067210 号

责任编辑:王智梅　　责任校对:汪欣怡　　版式设计:韩闻锦

出版发行:**武汉大学出版社**　(430072　武昌　珞珈山)

(电子邮件:cbs22@whu.edu.cn　网址:www.wdp.com.cn)

印刷:湖北金海印务有限公司

开本:720×1000　1/16　印张:14　字数:250 千字　插页:1

版次:2017 年 9 月第 1 版　2017 年 9 月第 1 次印刷

ISBN 978-7-307-18369-8　定价:29.00 元

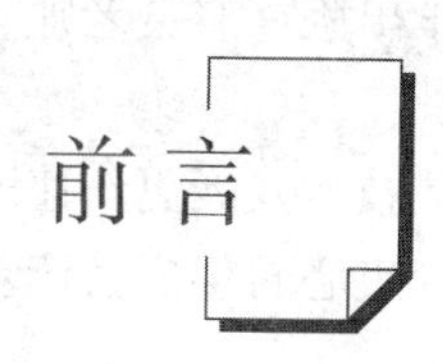

# 前言

多媒体技术(Multimedia Technology)是利用计算机对文本、图形、图像、声音、动画、视频等多种信息综合处理、建立逻辑关系和人机交互作用的技术，是计算机技术、广播电视和通信三大领域相互渗透相互融合而形成的崭新技术，在现如今的时代中具有十分广阔的应用前景。学习多媒体技术，对于培养现代社会所需要的跨学科综合型人才有着十分重要的意义。

本书是“多媒体技术与应用”课程的配套实验教材，其内容与结构按照课程教学进度和教学规律精心设计。由于实现多媒体素材处理效果的手段途径多样，因此本书在每一个实验的开始部分明确列出了实验的目的及实验所涉及的知识点以帮助读者在实验过程中对相关知识产生更深刻的认识。

国内许多大学开设多媒体技术课程已有多年，在网上看到许多兄弟院校在教材建设和课程教学方面已有很多很好的经验，在学习和借鉴他们成功经验的基础上，本书精心挑选了27个实验供读者学习，这些实验涉及的多媒体处理软件包括Photoshop、Abrosoft FantaMorph、CrazyTalk Animator和Premiere。

本书主要由4个章节27个实验组成，各章节内容介绍如下：

第1章学习Photoshop软件的通道、仿制图章工具、蒙板、图层、魔棒、选框工具等基本功能，并设置综合实验帮助读者更灵活的运用该软件。

第2章学习Abrosoft FantaMorph软件，通过5个小实验帮助读者熟悉Abrosoft FantaMorph软件页面，了解其基本功能，学会人脸标定器等用法，并能够实现人脸变形等动画效果。

第3章学习CrazyTalk Animator软件，通过3个小实验帮助读者熟悉CrazyTalk Animator软件界面，了解其基本功能，实现照片生成人脸、给角色换身体、角色跑跳、匹配口型与声音、添加背景音乐等动画效果。

第4章学习Premiere软件，从预备实验开始，一步一步引导读者认识该软件，并设置综合实验帮助读者进一步应用该软件检验学习成果。

本书第 1 章由王平、明欣编写，第 2 章和第 3 章由徐歆恺、王平编写，第 4 章由严冠湘、韦佳岑编写，全书由王平、明欣进行统稿。本书在编写过程中得到了武汉大学出版社詹蜜老师、王智梅老师的关心和帮助，在此表示最诚挚的谢意。

由于多媒体技术发展更新速度快，加之编写时间与作者水平有限，书中难免有不当之处，衷心希望广大读者批评指正。

**编　者**

2016 年 11 月 14 日

# 目录

# 第 1 章 Photoshop 课程实验概述

Adobe Photoshop，简称 PS，是现代社会流行和通用的一种图像处理软件，它主要处理由像素构成的数字图像，使用众多的编修与绘图工具，有效地对图片进行编辑处理。通过学习使用 Photoshop 软件，可以有效地提高我们对于图像的处理运用能力。在本章的实验中，我们将通过多个实验具体地学习其通道、蒙板、魔棒等各种基本功能。

## 1.1 通道的运用(一)

### 1.1.1 实验目的

(1)进一步熟练 Photoshop 中选区、图层、蒙板等操作。
(2)了解 Photoshop 中通道的概念。
(3)掌握在 Photoshop 中利用通道精选选区的操作。

### 1.1.2 实验预备知识

(1)通道

通道就是选区，是记录和保存信息的载体。做选择信息时，黑色是舍弃(全透明)，白色和灰度是选取，灰度是不同色阶，代表不同的透明度。

通道用途主要有：调出通道作为选区使用，调出通道作为图层蒙板使用等。

(2)路径

路径是由多个矢量线条构成的图形，是定义和编辑图像区域的常用方式之一。使用路径可以精确定义一个选区，并将其保存以便重复使用。使用路径适合选择不规则、难以使用其他工具进行选择的选区。可以利用钢笔工具组和形状工具组绘制路径，并且可以利用路径面板下的“将路径作为选区载入”或“从选区生成工作路径”进行选区与路径的相互转换。

### 1.1.3　实验设备

本次实验所使用的软件是 Adobe Photoshop CC。

### 1.1.4　实验步骤

实验所使用的图像文件素材均存放于“PS 实验 1.1”文件夹中。

(1)双击 Photoshop Ps 图标，打开 Photoshop CC 软件，其界面如图 1-1-1 所示。

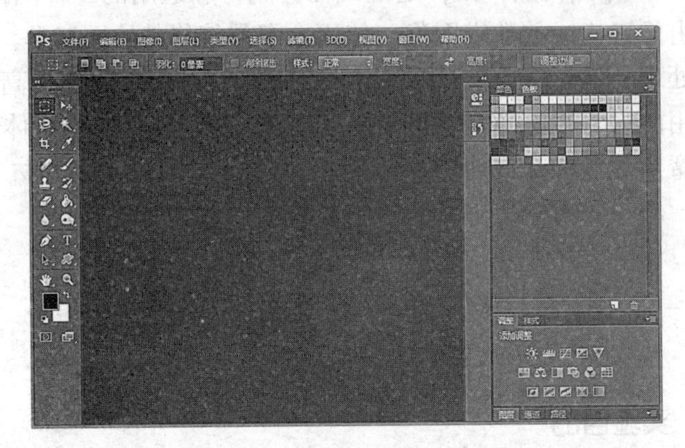

图 1-1-1　Photoshop CC 软件界面

(2)打开图像素材。选择“文件”→“打开”选项，然后选择打开“PS 实验 1.1”文件夹中的“苹果 . jpg”以及“水果盘子. jpg”，如图 1-1-2 所示。

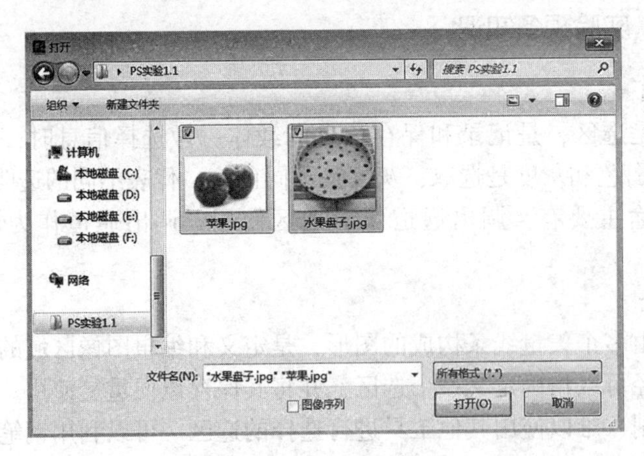


图 1-1-2　打开图像文件

(3)在“苹果.jpg”图像文件中，选择进入面板右侧的【通道】，选择其中色差最大的“蓝通道”进行复制，得到“蓝 拷贝”，如图 1-1-3 所示。只选择“蓝拷贝”通道可视，而隐藏其他通道，如图 1-1-4 所示。

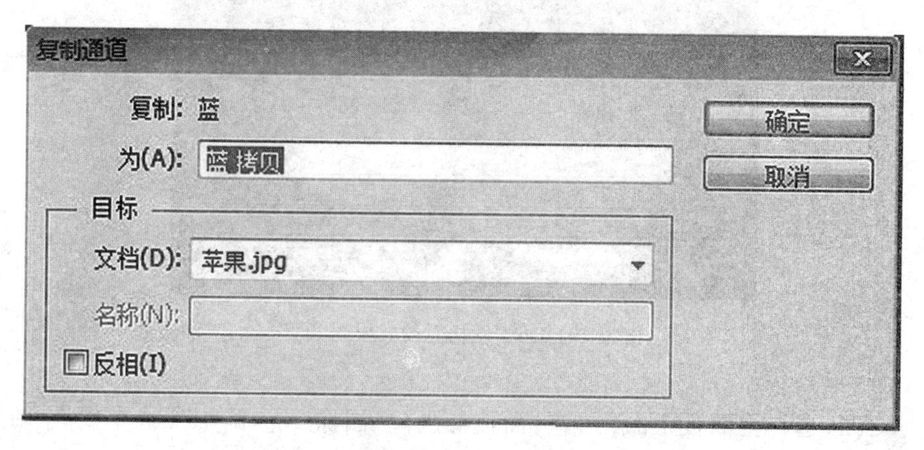


图 1-1-3 复制蓝通道

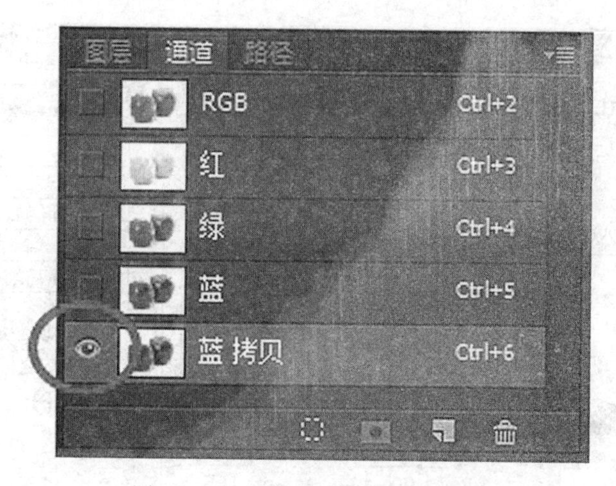


图 1-1-4 选择“蓝 拷贝”通道可视

(4)由于用通道选选区，选的是白色区域，因此在键盘上按 Ctrl+I 键，进行反相，得到图 1-1-5 效果。

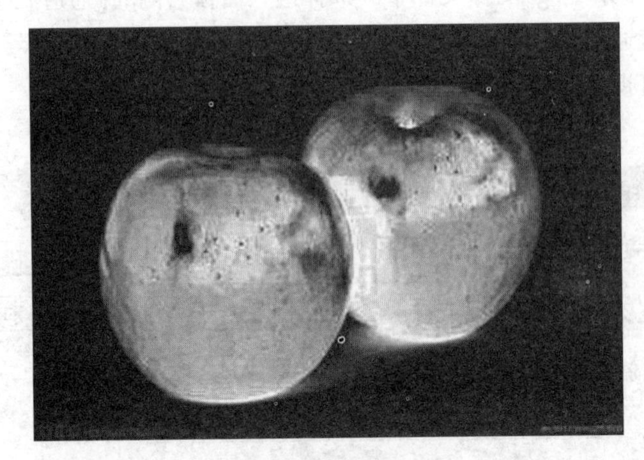

图 1-1-5　反相后的效果图

(5) 选择主面板中的【图像】面板，执行“图像”→“调整”→“色阶”。在【色阶】对话框中做如图 1-1-6 同样的设置，拉大对比度。

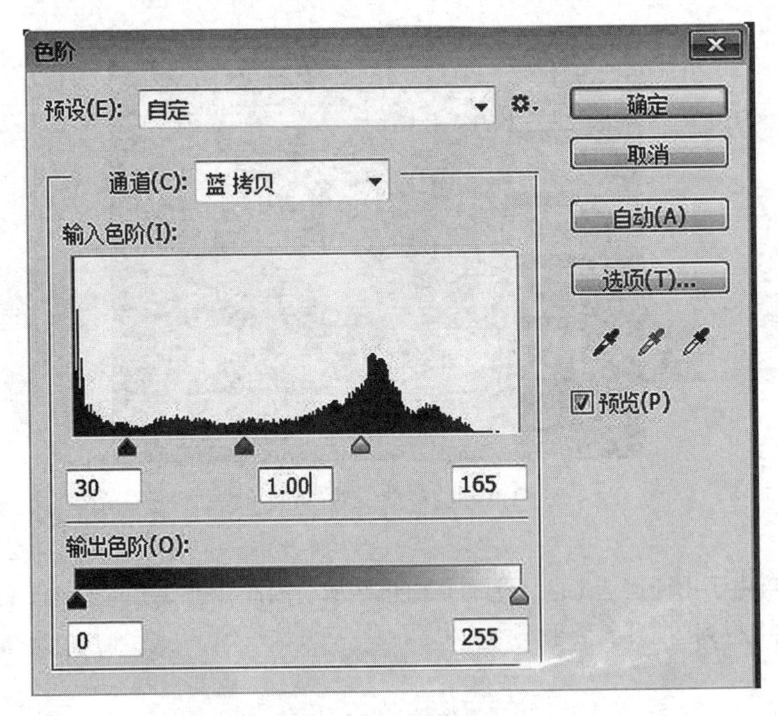


图 1-1-6　调整色阶

(6)苹果上有部分光晕仍然呈现为黑色，因此选择【工具】面板中的【画笔工具】(如图 1-1-7 所示)，将画笔的前景色调整为白色(如图 1-1-8 所示)，然后对苹果进行涂抹，如图 1-1-9 所示。

图 1-1-7 画笔工具

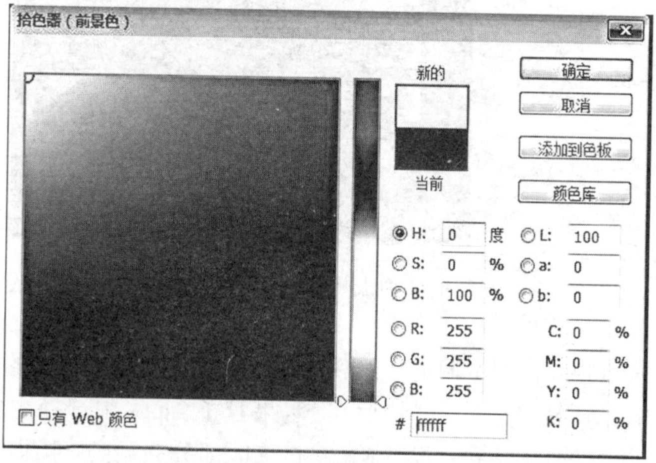

图 1-1-8 设置前景色为黑色

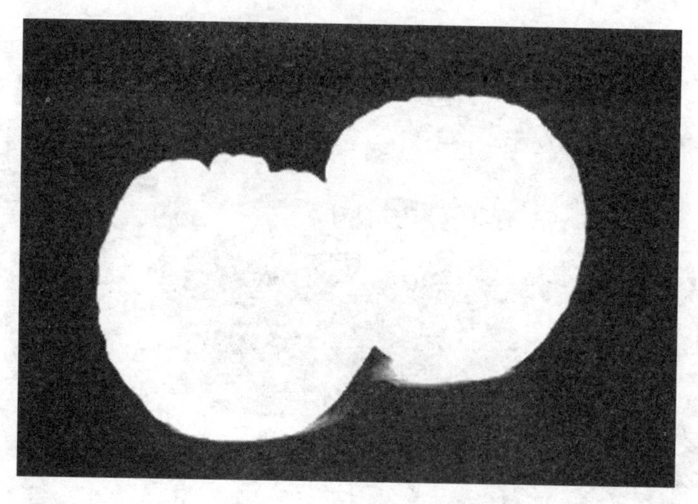

图 1-1-9 涂抹苹果

(7)选择【通道】面板中的【将通道作为选区载入】按钮，将“蓝 拷贝”作为选区载入，如图 1-1-10 所示。

图 1-1-10　将通道作为选区载入

(8)删除蓝副本通道。然后回到图层，选择主面板中的【编辑】菜单，选取“编辑”→“拷贝”命令，然后在“水果盘子. jpg”中选择主面板中的【编辑】菜单，选取“编辑”→“粘贴”命令，将选区部分粘贴到“水果盘子. jpg”中。粘贴后的效果如图 1-1-11 所示。

图 1-1-11　粘贴后的效果图

(9)按住 Ctrl+T 键，在粘贴的正门部门周围出现调整框(如图 1-1-7 所示)，在按住 Shift 键的同时拖动对角的手柄，调整图像的大小，并将其移动到地图中的适当位置，如图 1-1-12 所示。

图 1-1-12 移动至合适位置

(10)完成后，按“Enter”键确认变换。最终图片效果如图 1-1-13 所示。

图 1-1-13 最终效果图

(11)保存文件。选择主面板中的【文件】菜单，选取“文件”→“存储为”命令，将图像文件分别以“苹果抠图 . psd”和“苹果抠图. jpg”为文件名保存在指定文件夹中。

# 1.2　通道的运用(二)

## 1.2.1　实验目的

(1)进一步熟练 Photoshop 中选区、图层、蒙板等操作。

(2)了解 Photoshop 中通道的概念。

(3)掌握在 Photoshop 中利用通道精选选区的操作。

## 1.2.2　实验预备知识

(1)通道

通道就是选区，是记录和保存信息的载体。做选择信息时，黑色是舍弃(全透明)，白色和灰度是选取，灰度是不同色阶，代表不同的透明度。

通道用途主要有：调出通道作为选区使用，调出通道作为图层蒙板使用等。

(2)路径

路径是由多个矢量线条构成的图形，是定义和编辑图像区域的常用方式之一。使用路径可以精确定义一个选区，并且可以将其保存以便重复使用。使用路径适合选择不规则、难以使用其他工具进行选择的选区。可以利用钢笔工具组和形状工具组绘制路径，并且可以利用路径面板下的“将路径作为选区载入”或“从选区生成工作路径”进行选区与路径的相互转换。

## 1.2.3　实验设备

本次实验所使用的软件是 Adobe Photoshop CC。

## 1.2.4　实验步骤

实验所使用的图像文件素材均存放于“PS 实验 1. 2”文件夹中。

(1)双击 Photoshop Ps 图标，打开 Photoshop CC 软件，其界面如图 1-2-1 所示。

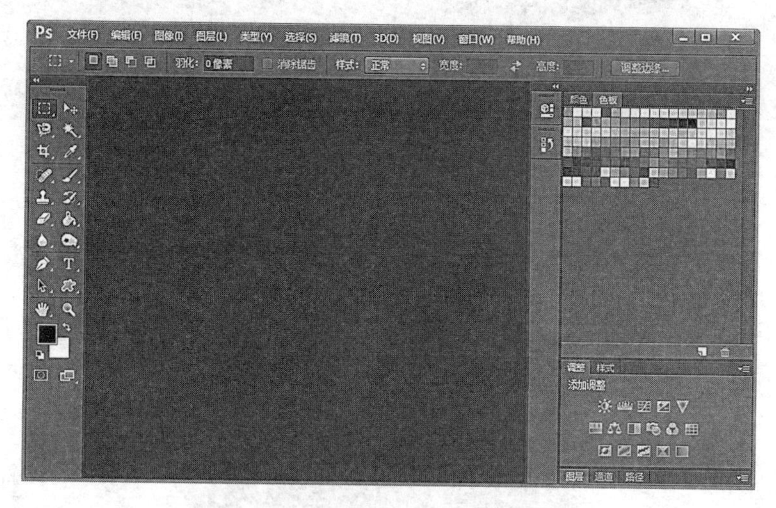


图 1-2-1 Photoshop CC 软件界面

(2)打开图像素材。选择“文件”→“打开”选项，然后选择打开“PS 实验 1. 2”文件夹中的“手链 . jpg”以及“装饰品 . jpg”，如图 1-2-2 所示。

图 1-2-2 打开图像文件

(3)在“装饰品 . jpg”图像文件中，选择进入面板右侧的【通道】，选择其中色差最大的“蓝通道”进行复制，得到“蓝 拷贝”通道，如图 1-2-3 所示。只选择“蓝 拷贝”通道可视，而隐藏其他通道，如图 1-2-4 所示。

图 1-2-3　复制蓝通道

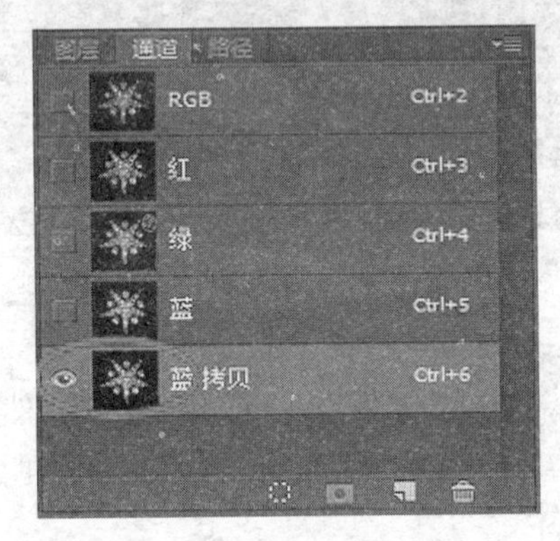


图 1-2-4　选择“蓝 拷贝”通道可视

(4)选择主面板中的【图像】面板，执行“图像”→“调整”→“色阶”。在【色阶】对话框中进行如图 1-2-5 同样的设置，拉大对比度。

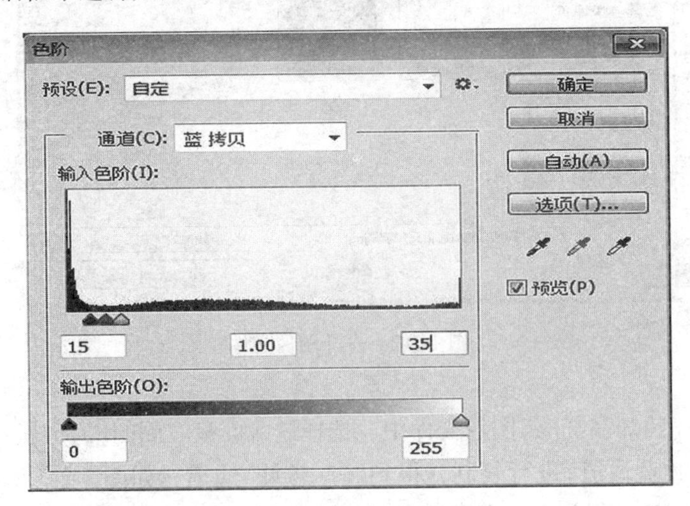


图 1-2-5　调整色阶

(5)装饰品上有部分光晕仍然呈现为黑色，因此选择【工具】面板中的【画笔工具】(如图 1-2-6 所示)，将画笔的前景色调整为白色(如图 1-2-7 所示)，然后对装饰品进行涂抹，如图 1-2-8 所示。

图 1-2-6 画笔工具

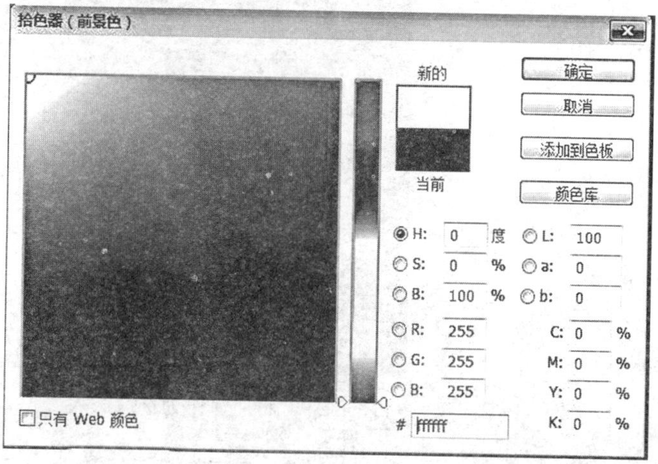

图 1-2-7 设置前景色为黑色

图 1-2-8 涂抹装饰品

(6)选择【通道】面板中的【将通道作为选区载入】按钮，将“蓝 拷贝”作为选区载入，如图 1-2-9 所示。

图 1-2-9　将通道作为选区载入

(7)删除蓝副本通道。然后回到图层，选择主面板中的【编辑】菜单，选取“编辑”→“拷贝”命令，然后在“手链 . jpg”中选择主面板中的【编辑】菜单，选取“编辑”→“粘贴”命令，将选区部分粘贴到“手链 . jpg”中。粘贴后的效果如图 1-2-10 所示。

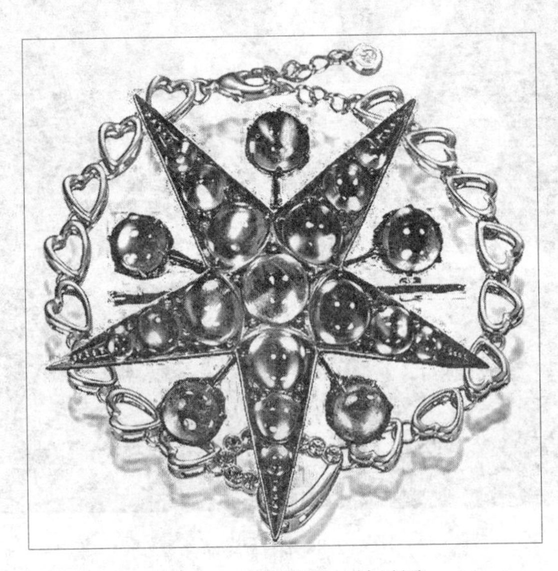

图 1-2-10　粘贴后的效果图

(8)按住 Ctrl+T 键，在粘贴的正门部门周围出现调整框(如图 1-2-7 所示)，在按住 Shift 键的同时拖动对角的手柄，调整图像的大小，并将其移动到地图中的适当位置，如图 1-2-11 所示。

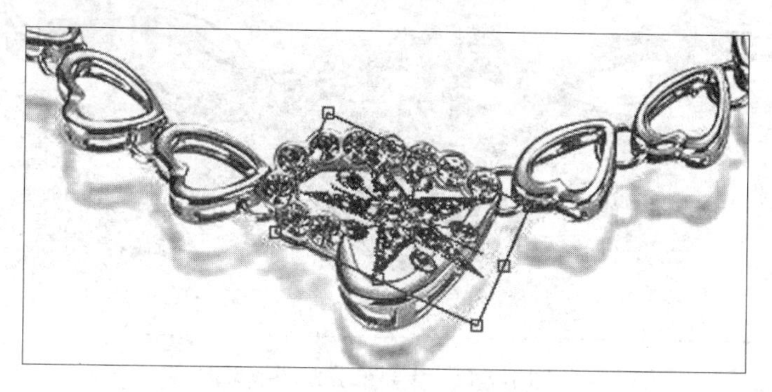

图 1-2-11　移动至合适位置

(9)完成后，按“Enter”键确认变换。最终图片效果如图 1-2-12 所示，重要部分截图效果如图 1-2-13 所示。

图 1-2-12　最终效果图

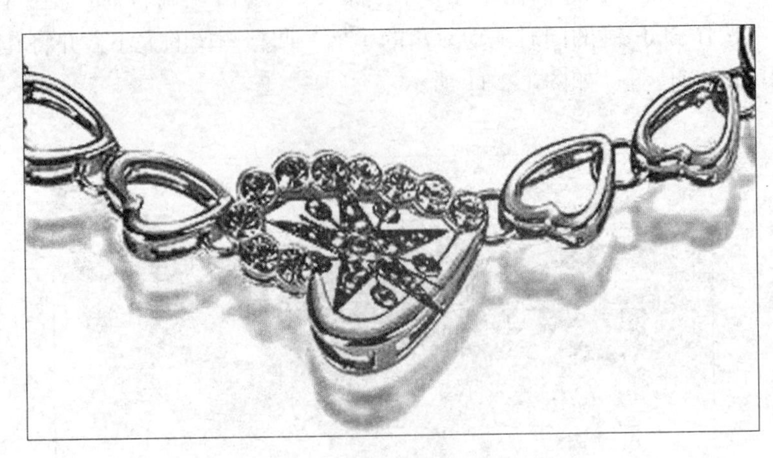

图 1-2-13　重要部分截图效果图

(10)保存文件。选择主面板中的【文件】菜单，选取“文件”→“存储为”命令，将图像文件分别以“装饰品抠图 . psd”和“装饰品抠图 . jpg”为文件名保存在指定文件夹中。

# 1.3　仿制图章工具的运用

## 1.3.1　实验目的

(1)进一步熟悉 Photoshop 中的小工具。

(2)掌握在 Photoshop 中仿制图章工具的操作。

## 1.3.2　实验预备知识

仿制图章工具是 Photoshop 软件中的一个常用的工具，用来复制取样的图像。在使用仿制图章工具时，会在该区域上设置要应用到另一个区域上的取样点。通过在选项栏中选择“对齐”，无论对绘画停止和继续过多少次，都可以重新使用最新的取样点。当“对齐”处于取消选择状态时，将在每次绘画时重新使用同一个样本像素。

(1)仿制图章工具中的概念：

**主直径：**即笔触的大小，用于调整采样区域的大小。

**硬度**：指羽化程度，当硬度为100%时，边缘是清晰的，没有虚化；硬度0%的时候，边缘最柔和。

**透明度**：下一图层颜色的透过量。

**工具变化**：在选取复制起始点，按下 Alt 键时，变成靶状。在进行复制拖动时，在被复制处出现十字标。

(2)使用仿制图章工具时的注意事项：

首先，使用仿制图章工具时一定要先定义采样点，即指定原件的位置，这样才能实现“复印”效果。

其次，要注意采样点的位置并非是一成不变的，应该把采样点理解为复制的“起始点”，而不是复制的“有效范围”。

最后应注意的是，仿制图章工具是应用到笔刷的，因此使用不同直径的笔刷将影响绘制范围。而不同软硬度的笔刷将影响绘制区域的边缘。一般建议使用较软的笔刷，那样复制出来的区域周围与原图像可以比较好地融合。

### 1.3.3 实验设备

本次实验所使用的软件是 Adobe Photoshop CC。

### 1.3.4 实验步骤

实验所使用的图像文件素材均存放于“PS 实验 1.3”文件夹中。

(1)双击 Photoshop Ps 图标，打开 Photoshop CC 软件，其界面如图 1-3-1 所示。

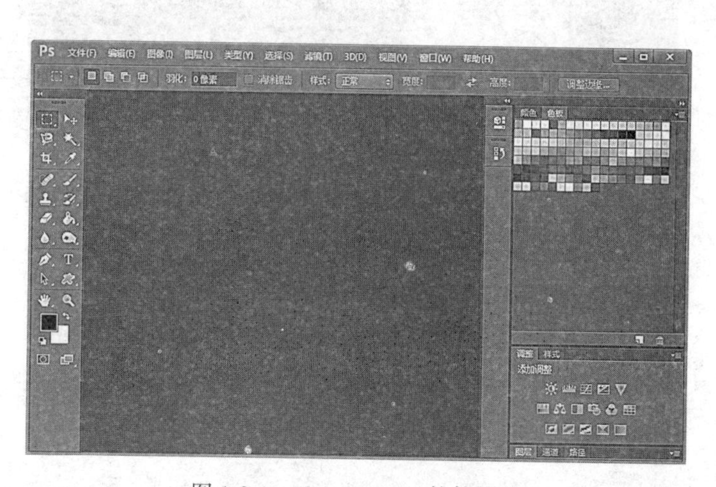

图 1-3-1 Photoshop CC 软件界面

(2)打开图像素材。选择“文件”→“打开”选项，然后选择打开“PS 实验 1. 3”文件夹中的“水印 . jpg”，如图 1-3-2 所示。

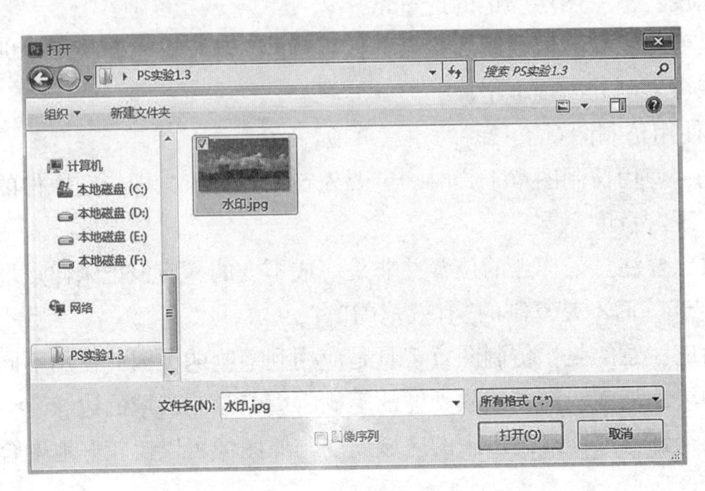


图 1-3-2　打开图像文件

(3)选择【工具】面板中的【画笔工具】(如图 1-3-3 所示)，发现这时鼠标将显示一个图章的形状，此时可对其进行适当大小的调整(选择不同的笔刷直径会影响绘制的范围，而不同的笔刷硬度会影响绘制区域的边缘融合效果)，如图 1-3-4 所示。

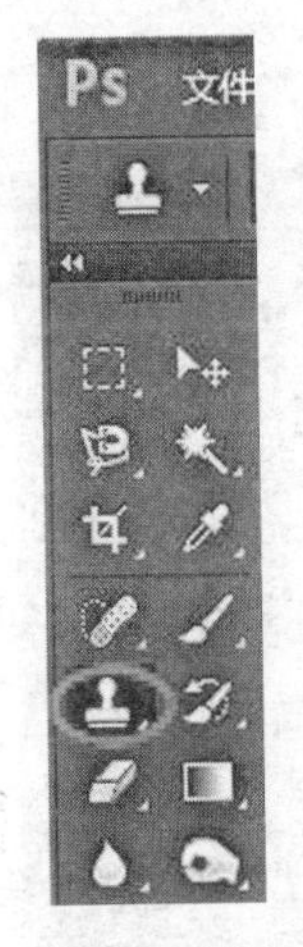


图 1-3-3　仿制图章工具

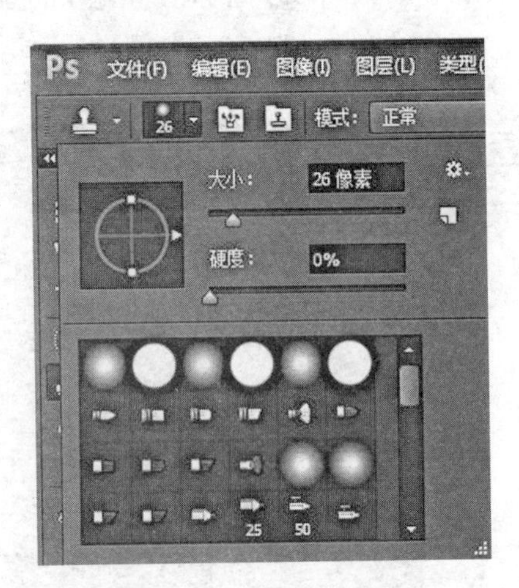


图 1-3-4　调整图章大小

(4)按住 Alt 键，在无文字区域点击相似的色彩或图案(即图片中的地面)处单击以采集样本，然后松开 Alt 键。

(5)在日期水印区域拖动鼠标，则工具会在刚刚采样的地方取点以覆盖日期水印。全部覆盖后，图像最终效果如图 1-3-5 所示。

图 1-3-5 最终效果图

(6)保存文件。选择主面板中的【文件】菜单，选取"文件"→"存储为"命令，将图像文件分别以"去除水印 . psd"和"去除水印 . jpg"为文件名保存在指定文件夹中。

## 1.4 蒙板的运用

### 1.4.1 实验目的

(1)了解 Photoshop 的基本功能，熟悉界面。
(2)掌握 Photoshop 中图像编辑的一般方法
(3)掌握 Photoshop 中快速蒙板的使用，理解蒙板的作用。

### 1.4.2 实验预备知识

(1)Photoshop 蒙板
快速蒙板：可用来产生各种选区。

图层蒙板：覆盖在图层上面，用来控制图层中图像的透明度，利用“图层蒙板”可以制作出图像的融合效果，或遮挡图像上某个部分，也可使图像上某个部分变成透明。

Photoshop 蒙板有以下几处的优点：修改方便，不会因为使用橡皮擦或剪切删除而造成不可挽回的遗憾；可运用不同滤镜，以产生一些意想不到的效果；任何一张灰度图都可用来作为蒙板。

(2)图层

图层就像是一张大小可变的纸，用户可以在纸张上画画，把各个图层叠加在一块，就可以组成一幅完整的画面。通过这只上面图层画面的大小、透明度等参数使得下面的图层也能显现出来一部分，让多个图层较好地融合在一起。可以利用图层面板对图层进行：增加、删除、移动图层，图层混合模式，图层透明度，隐藏、锁定图层等操作。

### 1.4.3　实验设备

本次实验所使用的软件是 Adobe Photoshop CC。

### 1.4.4　实验步骤

实验所使用的图像文件素材均存放于“PS 实验 1.4”文件夹中。

(1)双击 Photoshop Ps 图标，打开 Photoshop CC 软件，其界面如图 1-4-1 所示。

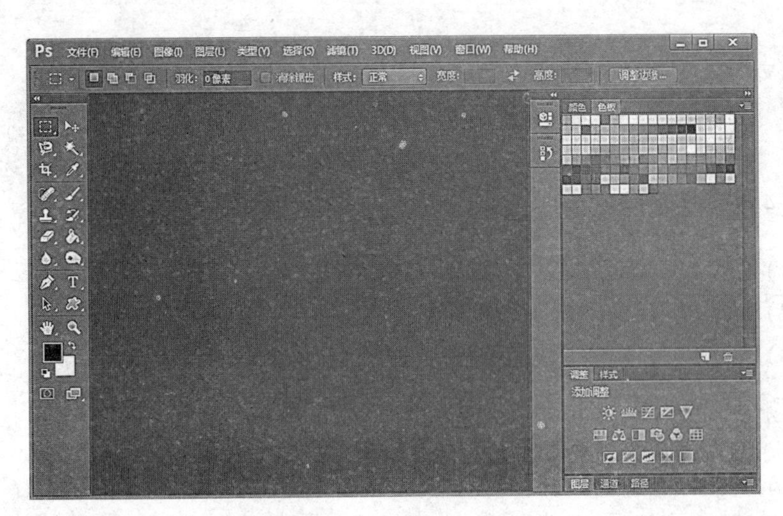


图 1-4-1　Photoshop CC 软件界面

(2)打开图像素材。选择“文件”→“打开”选项，然后选择打开“PS 实验 1. 4”文件夹中的“泰山 . jpg”以及“火烧云 . jpg”，如图 1-4-2 所示。

图 1-4-2　打开图像文件

(3)在“火烧云 . jpg”中，选择【工具】面板中的【矩形选框工具】(如图 1-4-3 所示)，将图片完全选中，如图 1-4-4 所示。

图 1-4-3　矩形选框工具

图 1-4-4　选中图片

(4)选择【工具】面板中的【移动工具】(如图 1-4-5 所示)，将“火烧云 . jpg”拖动复制到“泰山 . jpg”中，如图 1-4-6 所示。

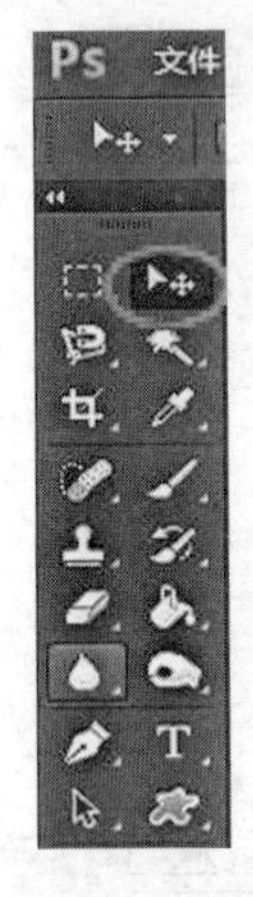

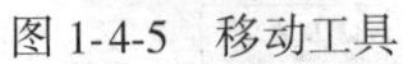

图 1-4-5　移动工具

图 1-4-6　拖动至“泰山 . jpg”

(5)将“火烧云 . jpg”拖动至“泰山 . jpg”中后，按住 Ctrl+T 键，在火烧云图片周围出现调整框(如图 1-4-7 所示)，在按住 Shift 键的同时，拖动对角的手柄，调整图像的大小和位置，使其充满整个画布，如图 1-4-8 所示。

图 1-4-7　调整图片大小

图 1-4-8　充满整个画布

(6)完成后，按“Enter”键确认变换。可以发现，火烧云图片已经成为“泰山.jpg”中的图层 1，如图 1-4-9 所示。

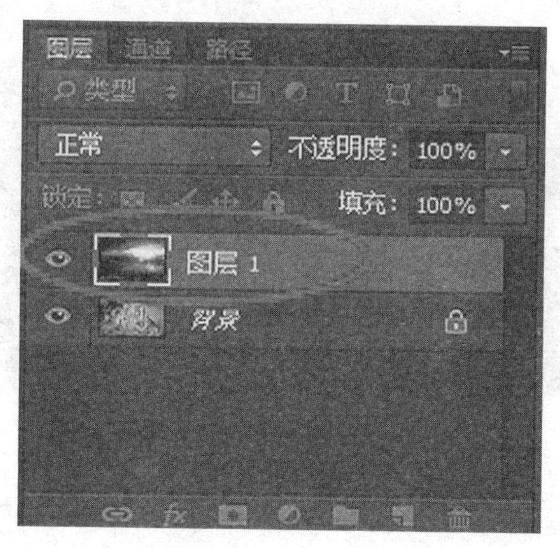


图 1-4-9　火烧云图片成为图层 1

(7)选中图层 1，选择【图层】面板中的【添加图层蒙板】按钮(如图 1-4-10

所示)，为图层 1 添加一个白色的图层蒙板。

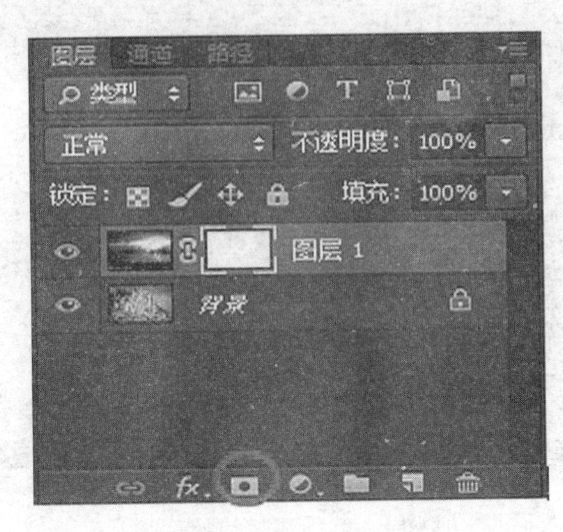


图 1-4-10　添加图层蒙板

(8)选择【工具】面板中的【渐变工具】，设置渐变参数为：颜色为黑到白、线性渐变、正常模式、不透明度 100%，如图 1-4-11 所示。

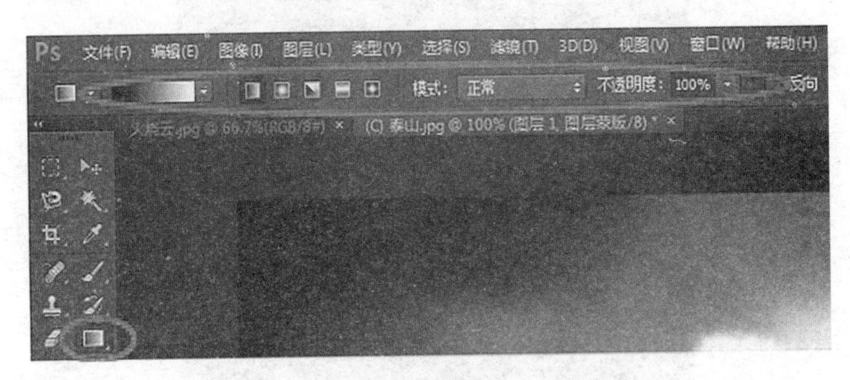


图 1-4-11　选中渐变工具并调整参数

(9)选中图层蒙板，从左到右拉渐变。如果效果不满意可以多次尝试。最终效果如图 1-4-12 所示，此时的图层蒙板如图 1-4-13 所示。

(10)保存文件。选择主面板中的【文件】菜单，选取“文件”→“存储为”命

图 1-4-12 最终效果图

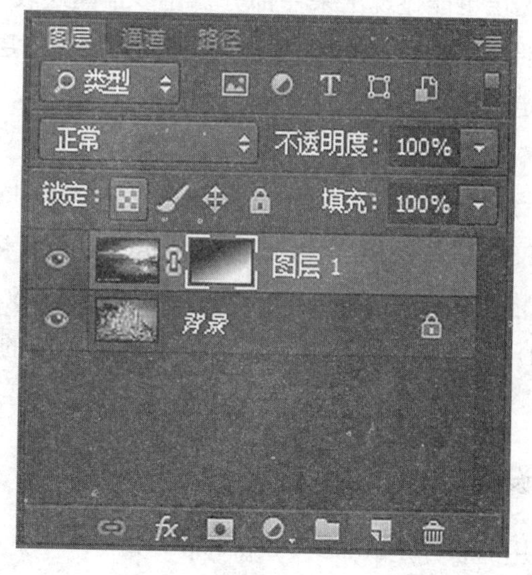


图 1-4-13 图层蒙板示意图

令，将图像文件分别以“图层蒙板合成图像 . psd”和“图层蒙板合成图像 . jpg”为文件名保存在指定文件夹中。

# 1.5　图层的运用

## 1.5.1　实验目的

(1)了解 Photoshop 的基本功能，熟悉界面。

(2)掌握 Photoshop 中图像编辑的一般方法。

(3)掌握 Photoshop 中图层中的参数意义。

## 1.5.2　实验预备知识

(1)图层

图层就像是一张大小可变的纸，用户可以在纸张上画画，把各个图层叠加在一块，就可以组成一幅完整的画面。通过这只上面图层画面的大小、透明度等参数使得下面的图层也能显现出来一部分，让多个图层较好地融合在一起。可以利用图层面板对图层进行：增加、删除、移动图层，图层混合模式，图层透明度，隐藏、锁定图层等操作。

(2)图形文件格式

Photoshop CC 与之前所有版本的 Photoshop 一样，支持多种文件格式，包括 JPEG 格式、PSD 格式、BMP 格式、PDF 格式、GIF 格式以及 TIFF 格式等。其中，PSD 格式是使用 Photoshop 软件生成的图形文件格式，文件扩展名为 PSD 和 PDD，这种格式可以完整地保存图像文件的图层、通道颜色模式。

## 1.5.3　实验设备

本次实验所使用的软件是 Adobe Photoshop CC。

## 1.5.4　实验步骤

实验所使用的图像文件素材均存放于“PS 实验 1.5”文件夹中。

(1)双击 Photoshop Ps 图标，打开 Photoshop CC 软件，其界面如图 1-5-1 所示。

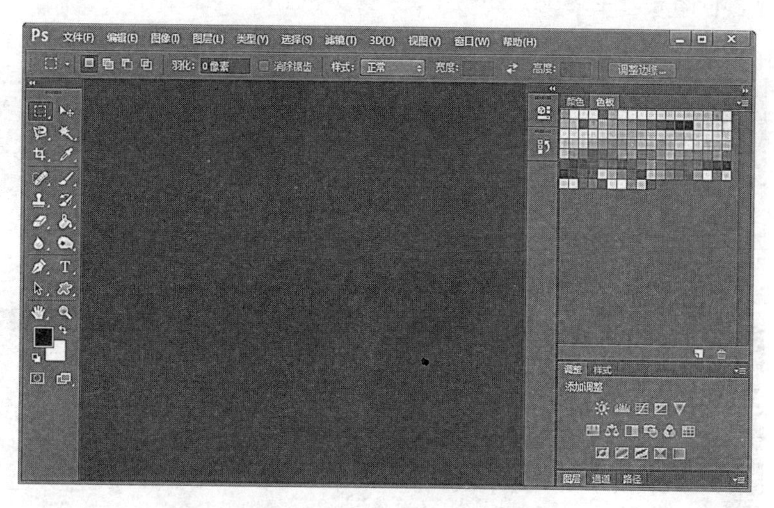


图 1-5-1 Photoshop CC 软件界面

(2)打开图像素材。选择“文件”→“打开”选项，然后选择打开“PS 实验 1.5”文件夹中的“泰山 . jpg”以及“火烧云 . jpg”，如图 1-5-2 所示。

图 1-5-2 打开图像文件

(3)在“火烧云 . jpg”中，选择【工具】面板中的【矩形选框工具】(如图 1-5-

3 所示)，将图片完全选中，如图 1-5-4 所示。

图 1-5-3　矩形选框工具　　　　　　　　图 1-5-4　选中图片

(4)选择【工具】面板中的【移动工具】(如图 1-5-5 所示)，将"火烧云 . jpg"拖动复制到"泰山 . jpg"中，如图 1-5-6 所示。

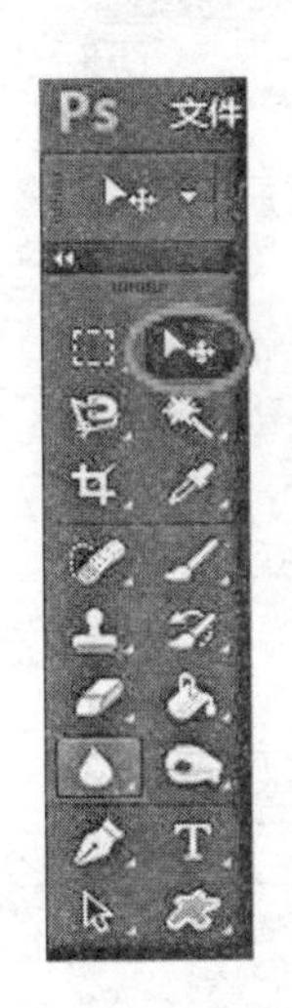

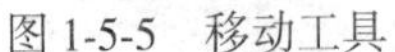

图 1-5-5　移动工具　　　　　　　　图 1-5-6　拖动至"泰山 . jpg"

(5)将"火烧云 . jpg"拖动至"泰山 . jpg"中后，按住 Ctrl+T 键，在火烧云图片周围出现调整框(如图 1-5-7 所示)，在按住 Shift 键的同时拖动对角的手柄，调整图像的大小和位置，使其充满整个画布，如图 1-5-8 所示。

图 1-5-7　调整图片大小

图 1-5-8　充满整个画布

(6)完成后，按“Enter”键确认变换。这时，火烧云图片就会成为“泰山.jpg”中的图层 1，如图 1-5-9 所示。

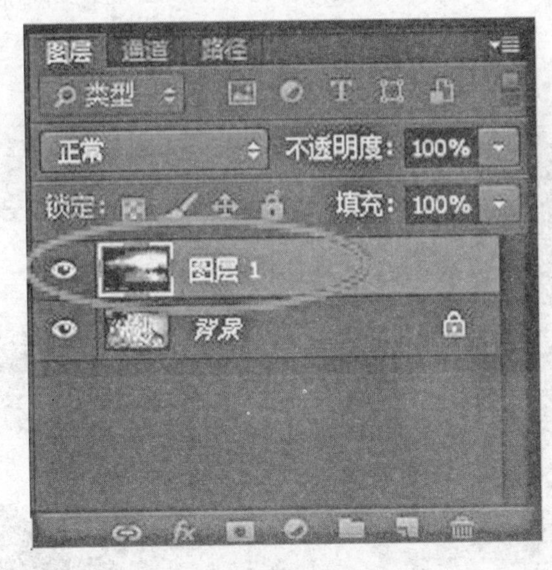


图 1-5-9　火烧云图片成为图层 1

(7) 选中图层 1，将图层的不透明度设置为 30%，如图 1-5-10 所示。

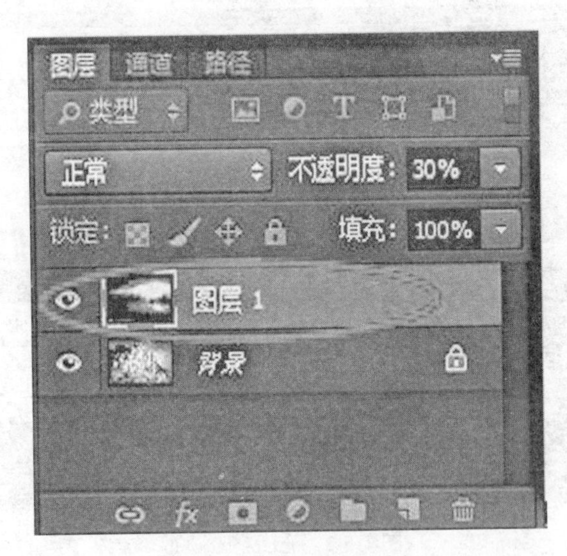


图 1-5-10　设置不透明度

(8) 选择主面板中的“图层”→“拼合图像”命令，将图层拼合，如图 1-5-11

所示。拼合图层后，图层栏如图 1-5-12 所示。

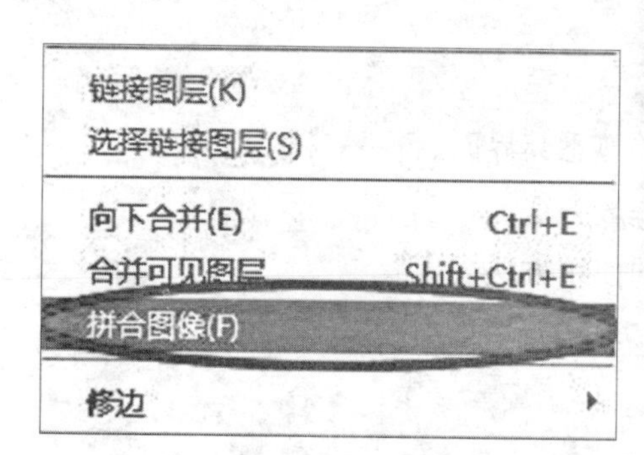


图 1-5-11　拼合图层

图 1-5-12　拼合后的图层栏

(9)保存文件。最终效果图如图 1-5-13 所示。选择主面板中的【文件】菜单，选取“文件”→“存储为”命令，将图像文件分别以“图像合成 . psd”和“图像合成 . jpg”为文件名保存在指定文件夹中。

图 1-5-13　最终效果图

# 1.6 魔棒的使用

## 1.6.1 实验目的

(1)了解 Photoshop 的基本功能，并熟悉其界面。

(2)掌握 Photoshop 中图像编辑的一般方法。

(3)掌握 Photoshop 中图层中魔棒的使用方法。

## 1.6.2 实验预备知识

(1)图层

图层就像是一张大小可变的纸，用户可以在纸张上画画，把各个图层叠加在一块，就可以组成一幅完整的画面。通过调整上面图层画面的大小、透明度等参数使得下面的图层也能显现出来一部分，让多个图层较好的融合在一起。可以利用图层面板对图层进行增加、删除、移动图层，图层混合模式，图层透明度，隐藏、锁定图层等操作。

(2)魔棒工具

魔棒工具是 Photoshop 中提供的一种比较快捷的抠图工具，对于一些分界线比较明显的图像，通过魔棒工具可以很快速地将图像抠出，魔棒的作用是选择点击处的颜色，并自动获取附近区域相同的颜色，使它们处于选择状态。

## 1.6.3 实验设备

本次实验所使用的软件是 Adobe Photoshop CC。

## 1.6.4 实验步骤

实验所使用的图像文件素材均存放于“PS 实验 1.6”文件夹中。

(1)双击 Photoshop 图标，打开 Photoshop CC 软件，其界面如图 1-6-1 所示。

(2)打开图像素材。选择“文件”→“打开”选项，然后选择打开“PS 实验 1.6”文件夹中的“飞机 . jpg”以及“田野 . jpg”，如图 1-6-2 所示。

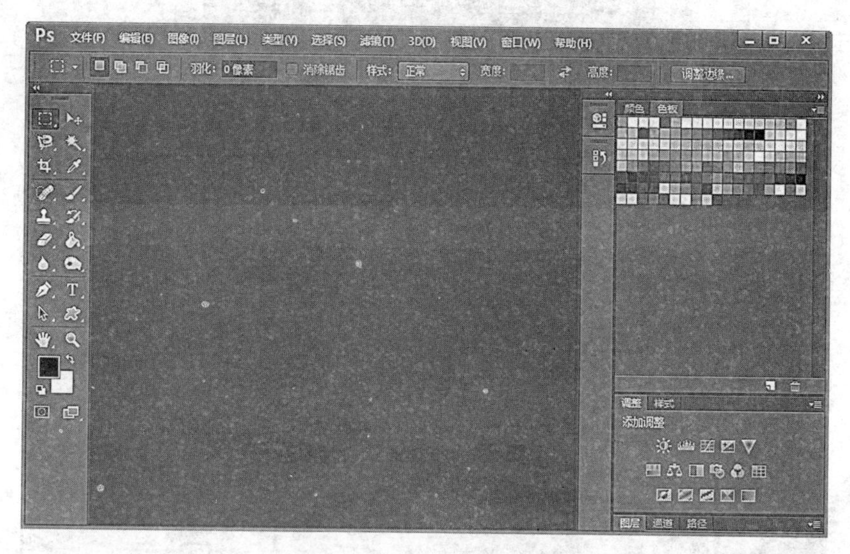


图 1-6-1　Photoshop CC 软件界面

图 1-6-2　打开图像文件

(3)在“飞机 . jpg”中，【图层】栏如图 1-6-3 所示。选择【图层】栏，双击“背景”一行，将背景图层进行解锁为“图层 0”(如图 1-6-4 所示)。解锁后【图层】栏如图 1-6-5 所示。

图层
通道
路径
类型
正常
不透明度:
锁定:
填充:
背景

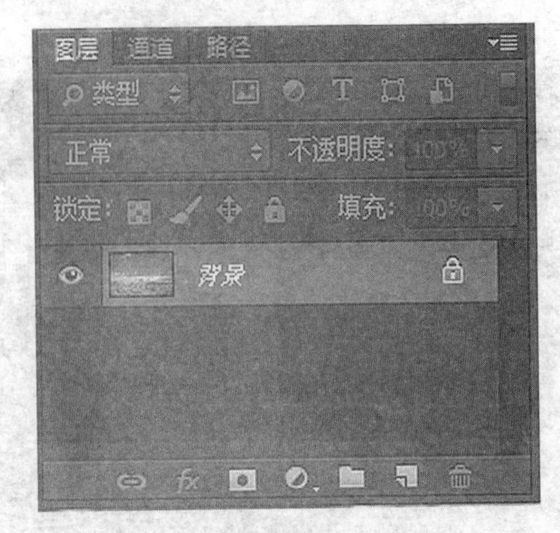

图 1-6-3　图层解锁前

新建图层
名称(N):
图层 0
确定
使用前一图层创建剪贴蒙版(P)
取消
颜色(C):
无
模式(M):
正常
不透明度(O):
100
%

图 1-6-4　图层解锁为“图层 0”

图层
通道
路径
类型
正常
不透明度:
100%
锁定:
填充:
100%
图层 0

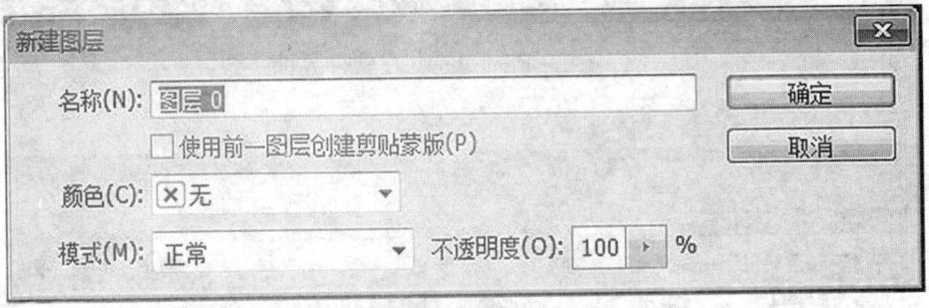

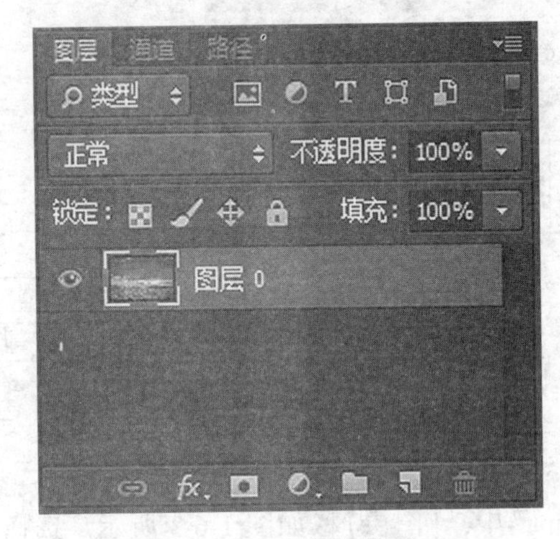

图 1-6-5　图层解锁后

(4)选择【工具】面板中的【魔棒工具】(如图 1-6-6 所示)，单击飞机背景处的任意位置，即选中图片中飞机以外的部分。如果没有完全选中，可以在未选中处进行鼠标右键，单击后选中“添加到选区”(如图 1-6-7 所示)。最终完全选中图片中飞机以外的部分，如图 1-6-8 所示。

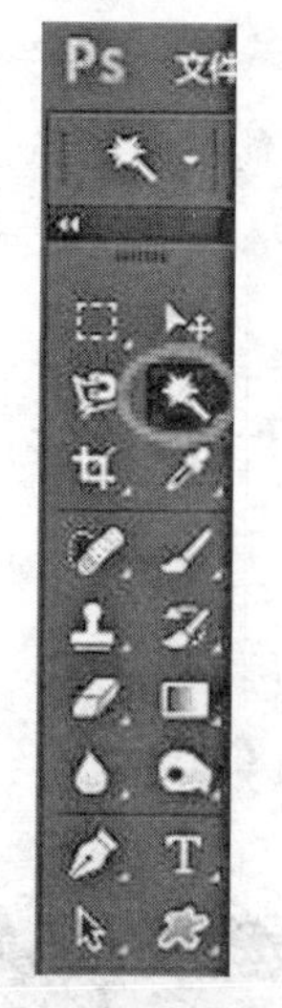


图 1-6-6　魔棒工具

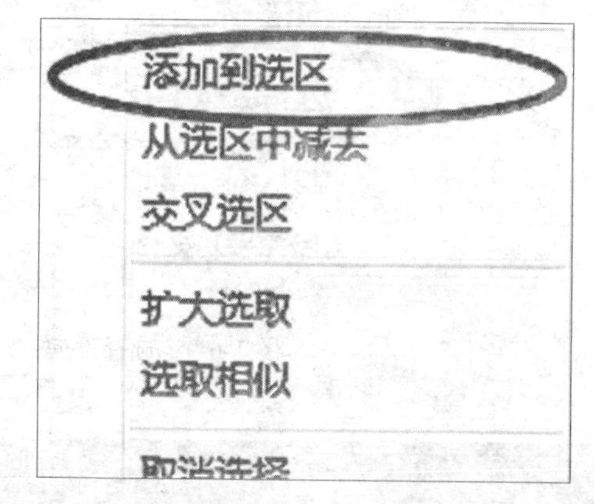


图 1-6-7　添加到选区

图 1-6-8　选中图片中飞机以外的部分

(5)在选中的背景部分进行鼠标右键，单击后选中“选择反向”(如图 1-6-9 所示)。选择后，发现图片中的飞机被完全选中，如图 1-6-10 所示。

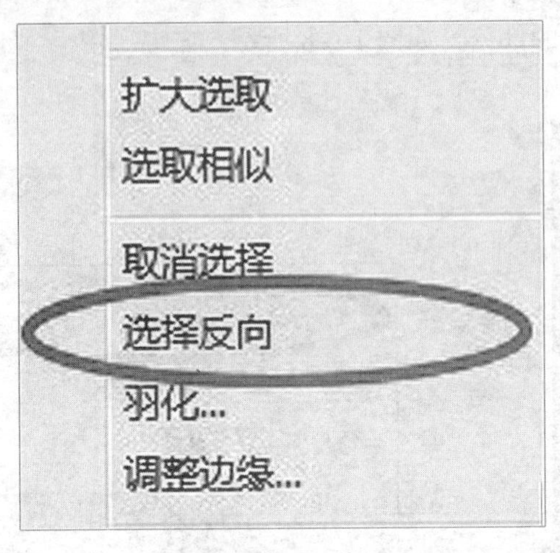


图 1-6-9　选择反向

图 1-6-10　选中飞机部分

(6)选择【工具】面板中的【移动工具】(如图 1-6-11 所示)，将选中的飞机部分移动至“田野 . jpg”中，如图 1-6-12 所示。

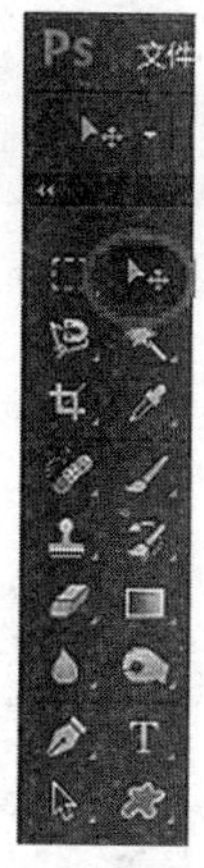
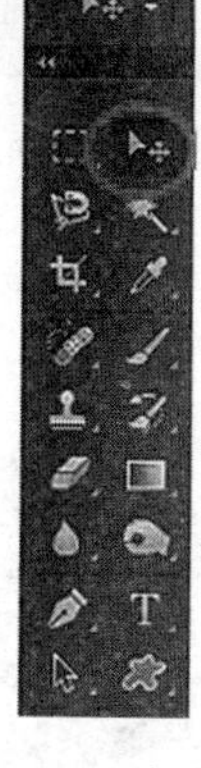

图 1-6-11　移动工具

图 1-6-12　移动飞机

（7）将飞机移动到“田野 . jpg”中后，按住 Ctrl+T 键，在飞机周围出现调整框，在按住 Shift 键的同时拖动对角的手柄，调整图像的大小，使其位于合适的位置，如图 1-6-13 所示。

图 1-6-13　移动飞机至合适位置

（8）完成后，按“Enter”键确认变换。此时飞机部分成为“田野 . jpg”中的图层 1，如图 1-6-14 所示。

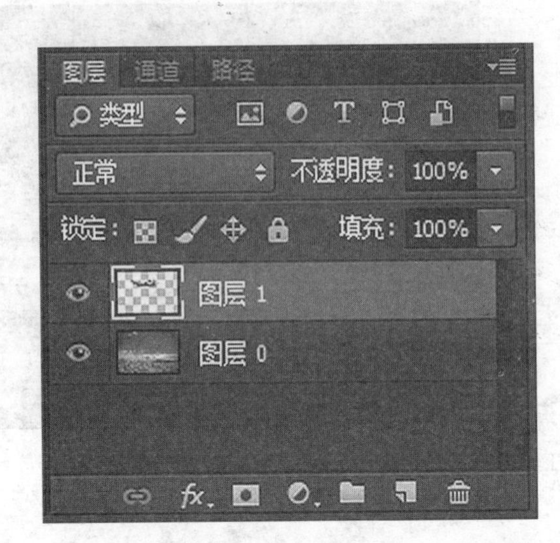


图 1-6-14　飞机图片成为图层 1

(9)选中图层 1，将图层的不透明度设置为 60%，如图 1-6-15 所示。

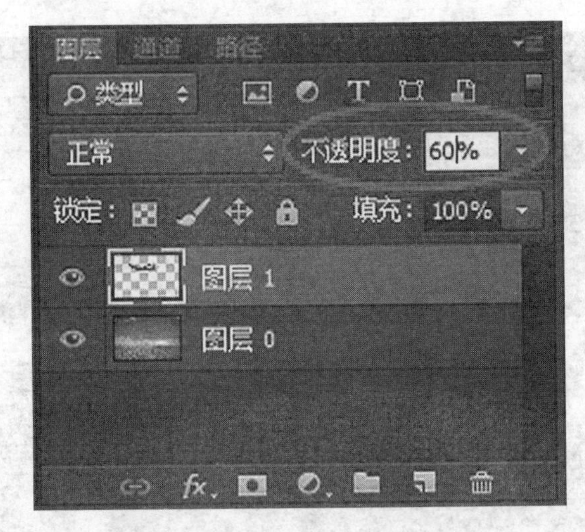


图 1-6-15　设置不透明度

(10)选择主面板中的“图层”→“拼合图层”命令，将图层拼合，如图 1-6-16 所示。拼合图层后，图层栏如图 1-6-17 所示。

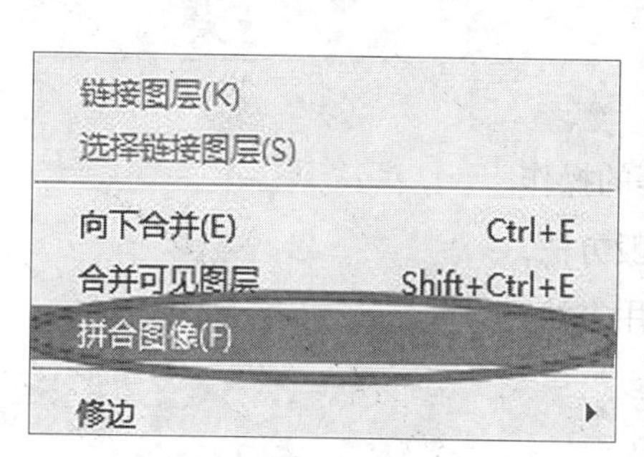


图 1-6-16 拼合图层

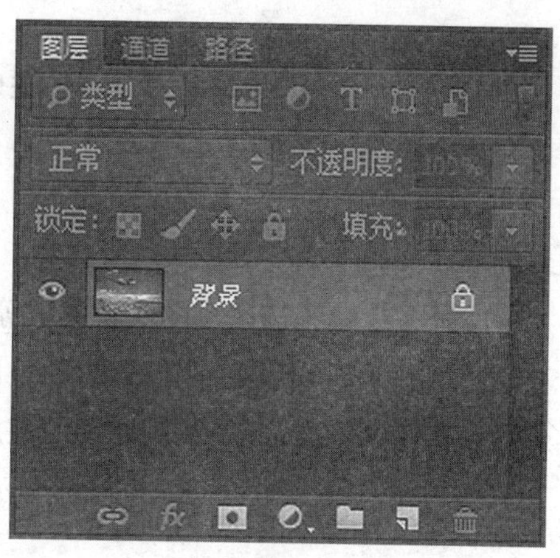


图 1-6-17 拼合后的图层栏

(11)保存文件。最终效果如图 1-6-18 所示。选择主面板中的【文件】菜单，选取“文件”→“存储为”命令，将图像文件分别以“图像合成(魔棒).psd”和“图像合成(魔棒).jpg”为文件名保存在指定文件夹中。

图 1-6-18 最终效果图

# 1.7　制作特效文字

## 1.7.1　实验目的

(1)进一步熟练选区、图层、蒙板等的操作。

(2)掌握 Photoshop 中图像编辑的一般方法。

(3)掌握 Photoshop 中常用滤镜的使用方法。

## 1.7.2　实验预备知识

(1)图层

图层就像是一张大小可变的纸，用户可以在纸张上画画，把各个图层叠加在一起，就可以组成一幅完整的画面。通过上面图层画面的大小、透明度等参数使得下面的图层也能显现出来一部分，让多个图层较好地融合在一起。可以利用图层面板对图层进行：增加、删除、移动图层，图层混合模式，图层透明度，隐藏、锁定图层等操作。

(2)滤镜

滤镜是一些经过专门设计，产生各种图像特殊效果的工具。它在 Photoshop 中具有非常神奇的作用。Photoshop 按分类方式放置在【滤镜】菜单中，使用时只需要从该菜单中执行这些命令即可。滤镜的操作非常简单，但通常需要同通道、图层等联合使用，才能取得最佳艺术效果。

Photoshop 滤镜主要分为内置滤镜(也就是 Photoshop 自带的滤镜)、外挂滤镜(也就是第三方滤镜)。

## 1.7.3　实验设备

本次实验所使用的软件是 Adobe Photoshop CC。

## 1.7.4　实验步骤

(1)双击 Photoshop Ps 图标，打开 Photoshop CC 软件，其界面如图 1-7-1 所示。

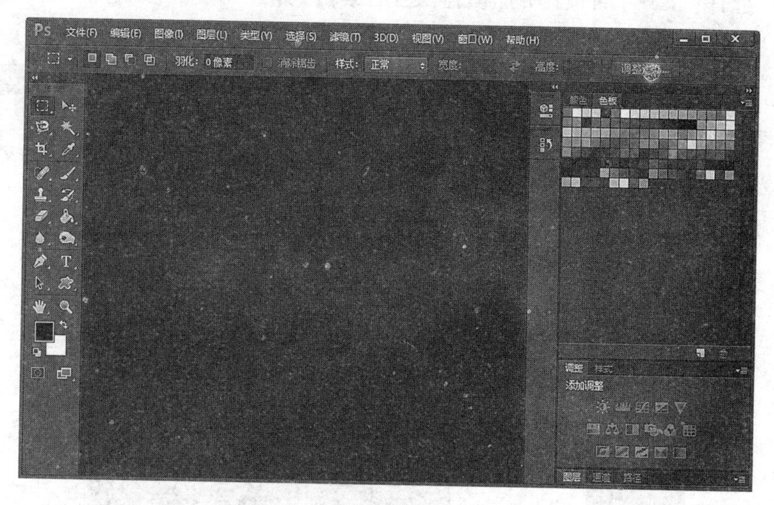


图 1-7-1 Photoshop CC 软件界面

(2)新建画布。选择“文件”→“新建”选项，然后如图 1-7-2 所示，新建 800 * 400 像素的画布，背景色设置为白色。

新建
名称(N): 未标题-1
预设(P): 自定
大小(I):
宽度(W): 800 像素
高度(H): 400 像素
分辨率(R): 72 像素/英寸
颜色模式(M): RGB 颜色 8 位
背景内容(C): 白色
高级
颜色配置文件(O): 工作中的 RGB: sRGB IEC6196...
像素长宽比(X): 方形像素
确定
取消
存储预设(S)...
删除预设(D)...
图像大小:
937.5K

图 1-7-2 打开图像文件

(3)选择【工具】面板中的【横排文字工具】(如图 1-7-3 所示)，在画布上输入文字“基督山伯爵”，并如图 1-7-4 所示，调整文字效果：字体颜色为 #ff0018，字体大小为 100 点，字体为华文行楷。完成后选择字样属性✓同行的图样表示确定，效果如图 1-7-5 所示。

图 1-7-3　横排文字工具

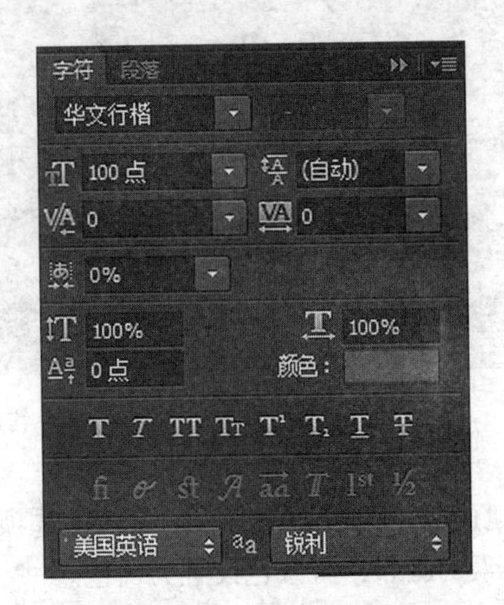


图 1-7-4　调整文字属性

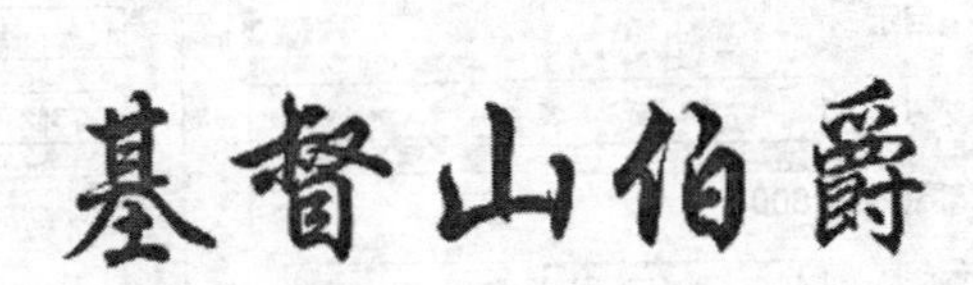


图 1-7-5　文字效果

(4)选择【工具】面板中的【魔棒工具】(如图 1-7-6 所示)，单击红色的文字，即选中文字部分。如果没有完全选中，可以在未选中处进行鼠标右键，单击后选中“添加到选区”，直至完全选中。选中后，按下“Ctrl+E”键，将图层拼合(也可以执行“图层”→“向下合并”菜单命令，拼合图层)，此时的图层如图 1-7-7 所示。最后的文字效果如图 1-7-8 所示。

图 1-7-6 魔棒工具

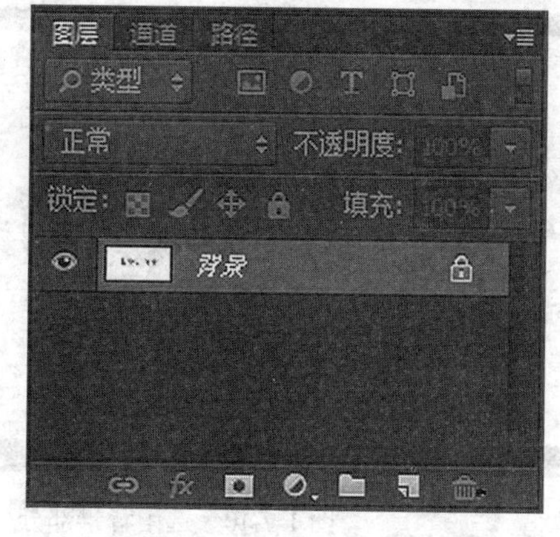


图 1-7-7 添加到选区

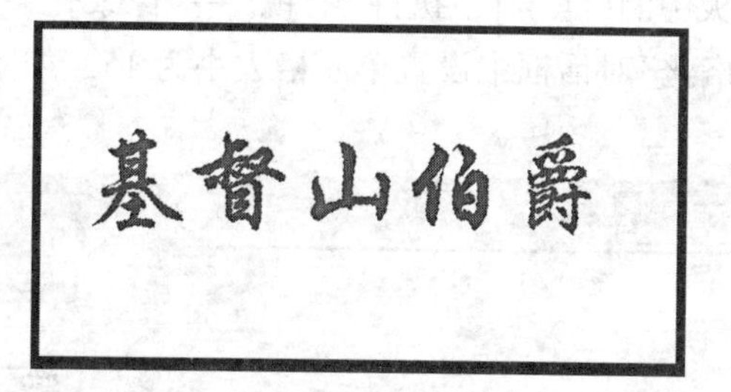


图 1-7-8 选中图片文字部分

(5)在选中的背景部分进行鼠标右键，单击后选中"选择反向"(如图 1-7-9 所示)，或按下"CTRL+Shift+I"键，反选选区，即选中除文字之外的白色背景，如图 1-7-10 所示。

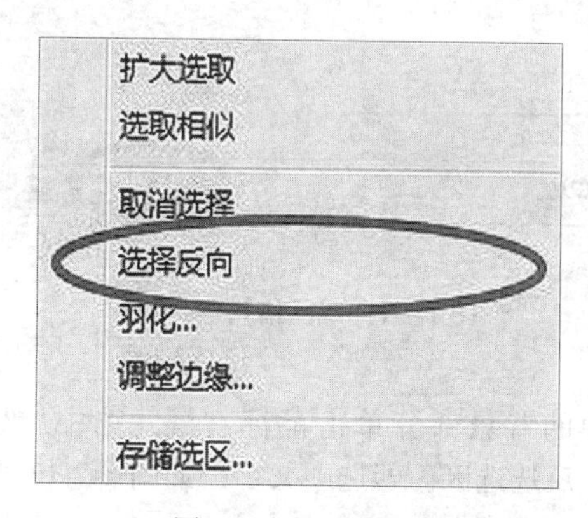


图 1-7-9 选择反向

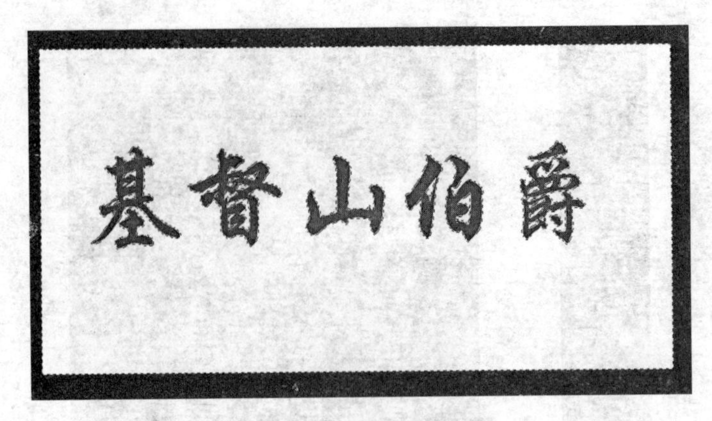


图 1-7-10　选中背景部分

(6)选择主面板中的【滤镜】，执行“滤镜”→“像素化”→“晶格化”菜单命令，在打开的“晶格化”对话框中设置单元格大小为 15，如图 1-7-11 所示。

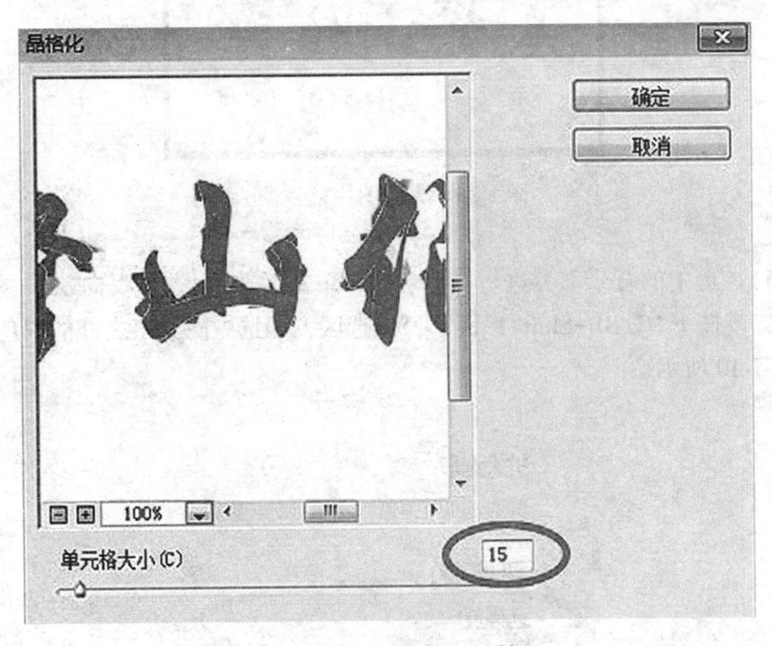


图 1-7-11　“晶格化”对话框

(7)在画布选中的背景部分单击鼠标右键，选中“选择反向”，或按下“CTRL+Shift+I”键，反选选区，即选中文字，如图 1-7-12 所示。

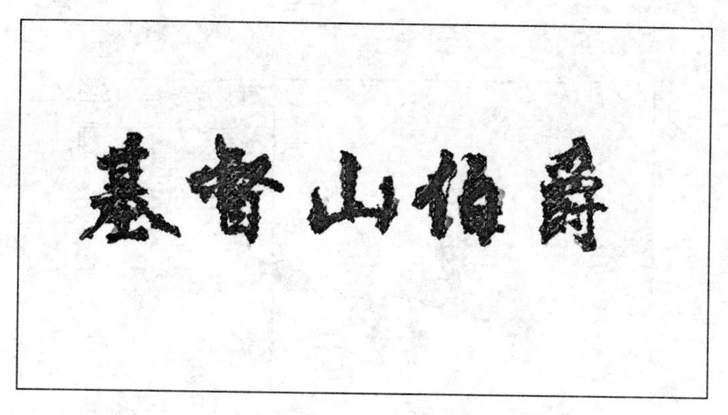

图 1-7-12　选中文字部分

（8）选择主面板中的【滤镜】，执行“滤镜”→“模糊”→“高斯模糊”菜单命令，在打开的“高斯模糊”对话框中设置半径为 2.0 像素，如图 1-7-13 所示。

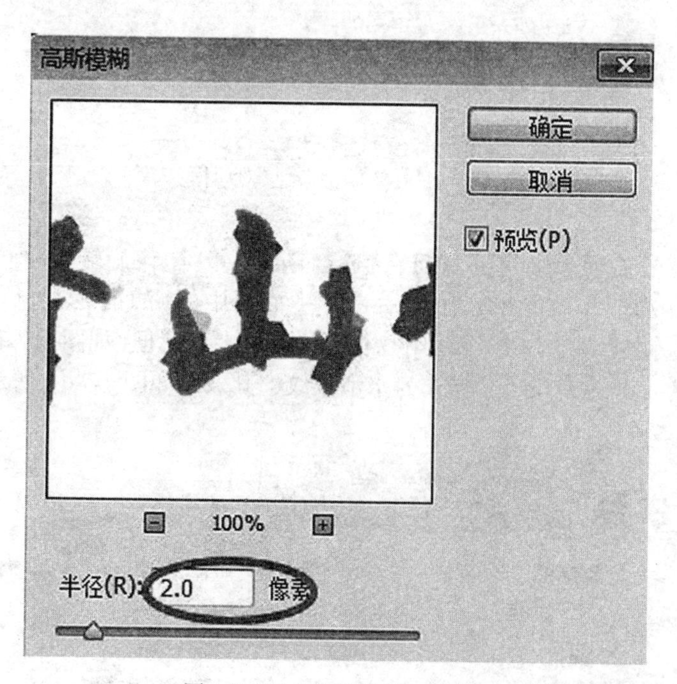


图 1-7-13　“高斯模糊”对话框

（9）选择主面板中的【滤镜】，执行“滤镜”→“杂色”→“添加杂色”菜单命令，在打开的“添加杂色”对话框中设置数量为 16%、高斯分布、单色，如图 1-7-14 所示。

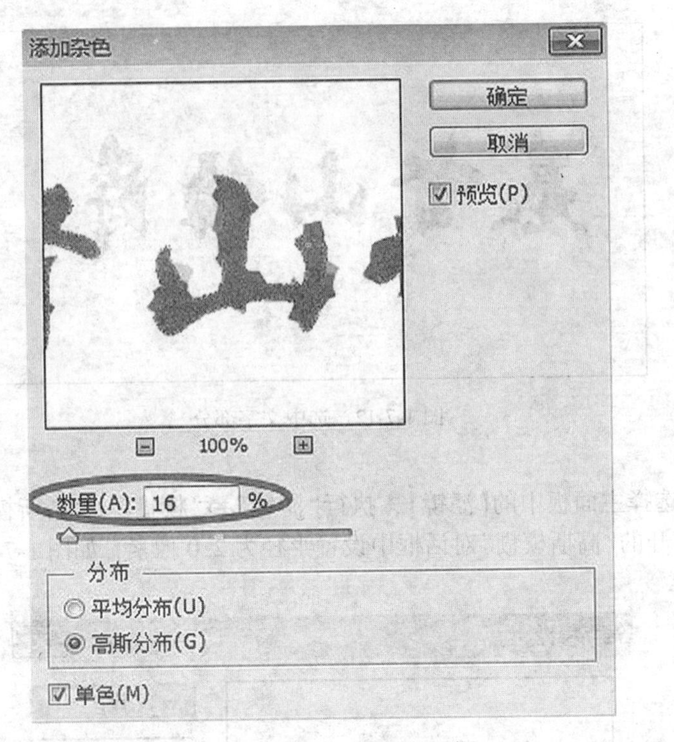


图 1-7-14　“添加杂色”对话框

(10)选择主面板中的【图像】，执行“图像”→“图像旋转”→“90 度(顺时针)”命令，如图 1-7-15 所示。然后选择主面板中的【滤镜】，执行“滤镜”→“扭曲”→“水波”菜单命令(如图 1-7-16 所示)，在对话框(如图 1-7-17 所示)中设置数量为 15，起伏为 5，样式为水池波纹，其效果如图 1-7-18 所示。

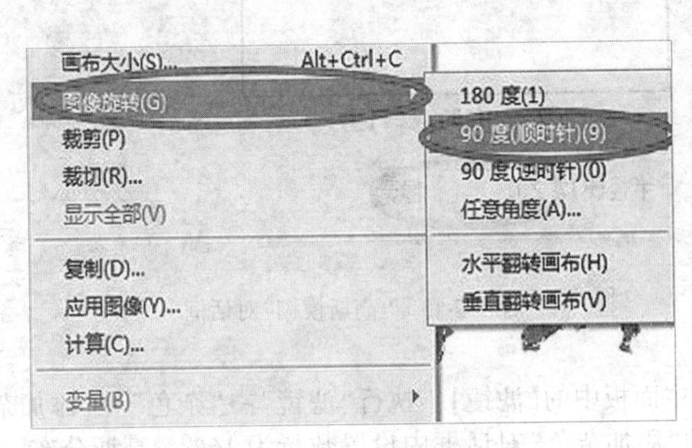


图 1-7-15　旋转图像

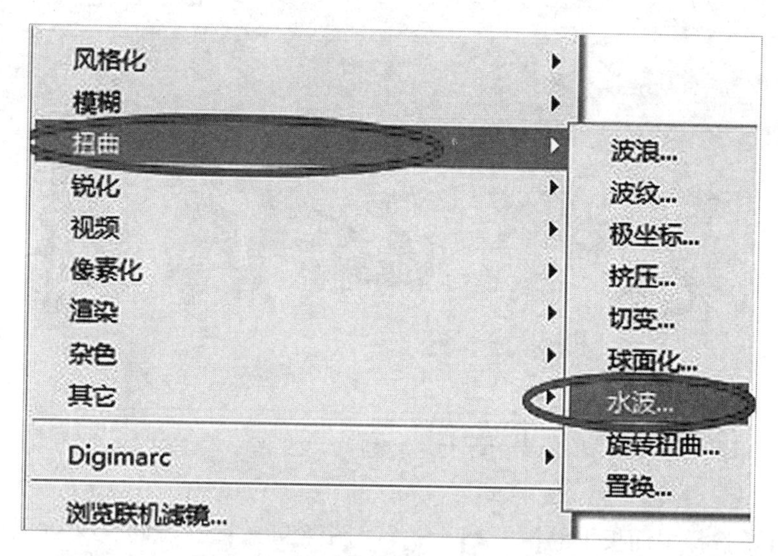


图 1-7-16 选择水波

图 1-7-17 "水波"对话框

图 1-7-18　水波后的效果图

(11)选择主面板中的【图像】，执行“图像”→“图像旋转”→“90 度(逆时针)”命令，如图 1-7-19 所示。

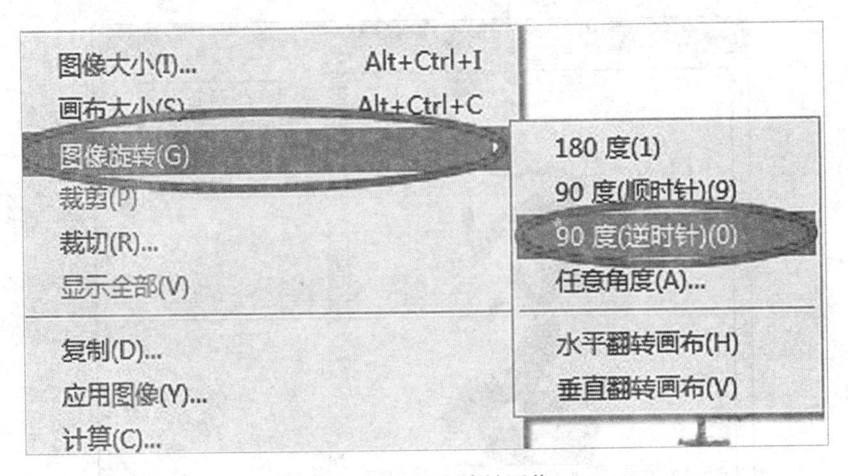


图 1-7-19　再次旋转图像

(12)保存文件。最终效果图如图 1-7-20 所示。选择主面板中的【文件】菜单，选取“文件”→“存储为”命令，将图像文件以“扭曲文字 . psd”和“扭曲文字. tif”为文件名保存在指定文件夹中。

图 1-7-20 最终效果图

## 1.8 选框工具的运用

### 1.8.1 实验目的

(1)进一步熟悉 Photoshop 中小工具。

(2)掌握在 Photoshop 中画布、矩形选框工具、任意变形工具等的综合运用。

### 1.8.2 实验预备知识

这一次的实验旨在教导大家熟练使用 PS 中的一些小工具，达到美化照片中人物形象的效果。

(1)画布

对于画布，我们可以这样理解，新建的就是画布。而打开导入图像，实际上也就是建立在画布基础上的图像。画布就是要加工图片的场所。

(2)矩形选框工具

矩形选框工具组是用来直接建立方的、椭圆的、行、列规则的选区。在举行选框工具组中，有矩形选框工具、椭圆选框工具、单行选框工具、单列选框工具。

### 1.8.3 实验设备

本次实验所使用的软件是 Adobe Photoshop CC。

### 1.8.4 实验步骤

实验所使用的图像文件素材均存放于“PS 实验 1. 8”文件夹中。

(1)双击 Photoshop 图标，打开 Photoshop CC 软件，其界面如图 1-8-1 所示。

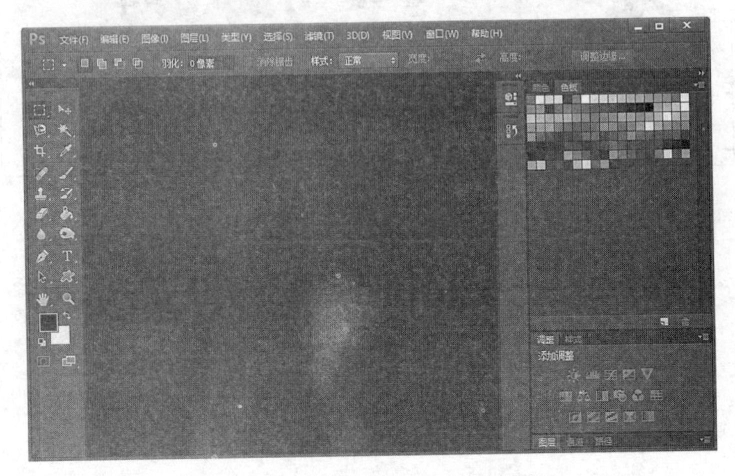


图 1-8-1 Photoshop CC 软件界面

(2)打开图像素材。选择“文件”→“打开”选项，然后选择打开“PS 实验 9”文件夹中的“大白 . jpg”，如图 1-8-2 所示。

图 1-8-2 打开图像文件

（3）选择主面板中的【图像】菜单，选取"图像"→"画布大小"命令（如图1-8-3所示），出现如图1-8-4所示的"画布大小"对话框。

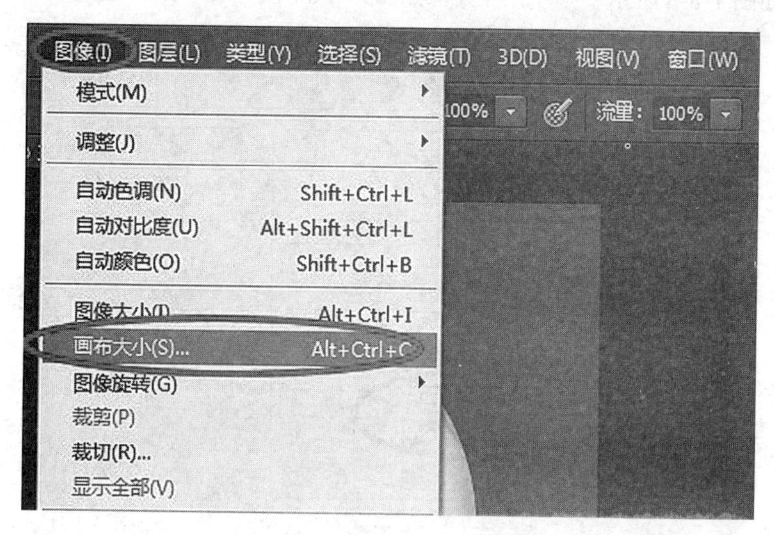


图1-8-3　选择"画布大小"命令

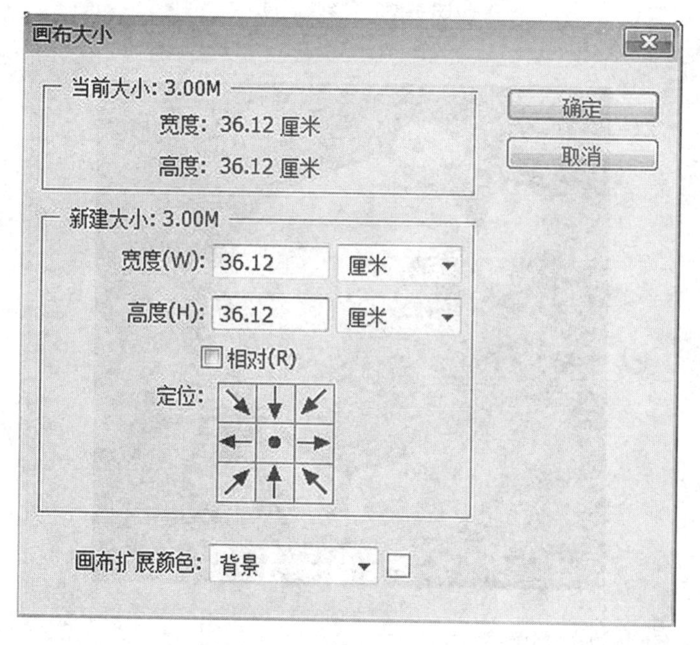


图1-8-4　"画布大小"对话框

(4)由于需要增长大白的腿长，需要增加画布下面的高度，因此先单击“定位”正方形的上方，将其调整为向下的方向，再将“高度”增加 10 厘米以示效果(如图 1-8-5 所示)。调整后效果如图 1-8-6 所示。

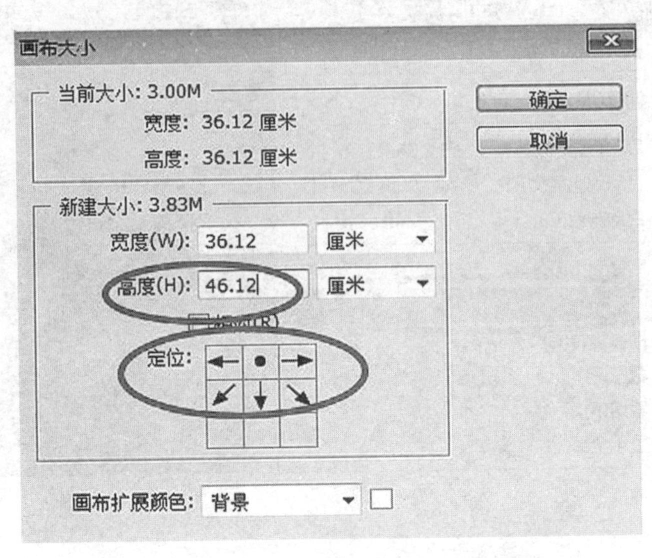


图 1-8-5　修改高度

图 1-8-6　调整高度后的效果

（5）选择【工具】面板中的【矩形选框工具】（如图 1-8-7 所示），在大白的腿的中段位置拉出矩形，如图 1-8-8 所示。

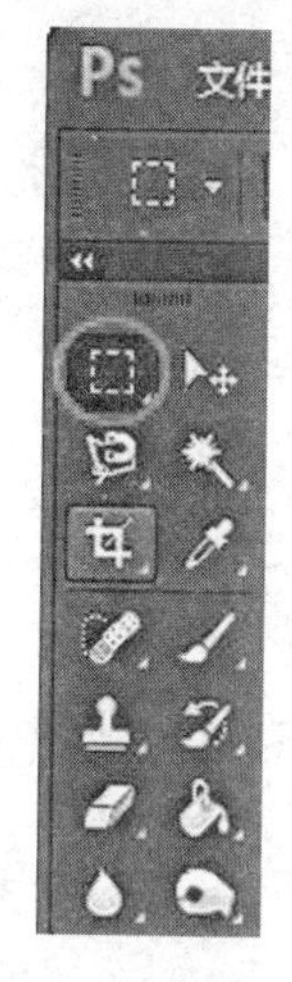


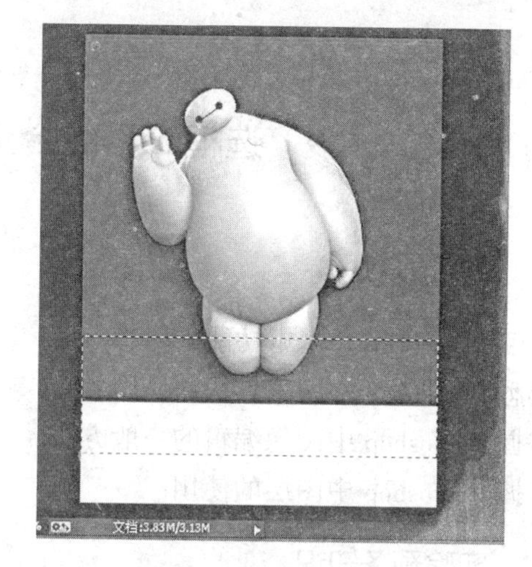

图 1-8-7　矩形选框工具

图 1-8-8　拉出矩形

（6）按住 Ctrl+T 键，选择“任意变形工具”，将矩形的下边往下拉，拉动的长度可以看自己的喜好而定。然后单击回车键，确定修改。最终效果如图 1-8-9所示。

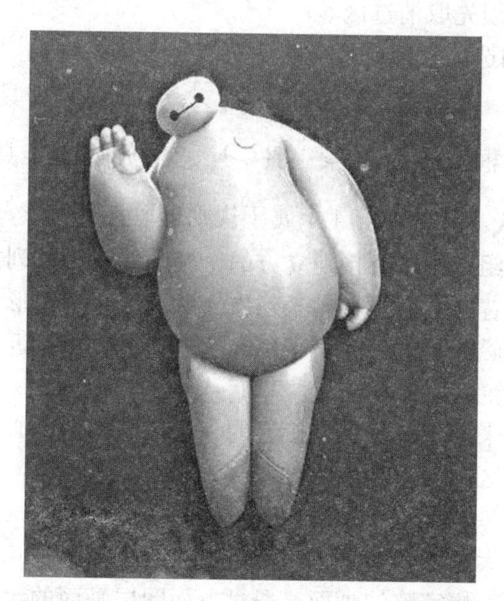

图 1-8-9　最终效果图

(7)保存文件。选择主面板中的【文件】菜单，选取“文件”→“存储为”命令，将图像文件分别以“长腿大白 . psd”和“长腿大白 . jpg”为文件名保存在指定文件夹中。

# 1.9　选框工具综合运用

## 1.9.1　实验目的

(1)了解 Photoshop 的基本功能，熟悉界面。

(2)熟悉 Photoshop 常用工具箱的使用。

(3)掌握 Photoshop 中图像编辑的一般方法。

(4)掌握 Photoshop 中图层的使用。

## 1.9.2　实验预备知识

(1)常用选区工具介绍

在 Photoshop 中，经常需要选定图像的部分区域做操作。选区的特点有如下两点：①选区是封闭的区域，可以是任何形状，但一定是封闭的。不存在开放的选区。②选区一旦建立，大部分的操作就只针对选区范围内有效。如果要针对全图操作，必须先取消选区。

Photoshop 中的选区大部分是靠使用选取工具来实现的。选取工具共 8 个，集中在工具栏上部。分别是矩形选框工具、椭圆选框工具、单行选框工具、单列选框工具、套索工具、多边形套索工具、磁性套索工具、魔棒工具。其中，前 4 个属于规则选取工具。

**矩形选框工具组：**用来直接建立方的、椭圆的、行、列规则选区。

套索工具组：普通套索工具用来建立任意选区；多边形套索工具用来建立任意多边形选区；磁性套索工具用来建立主体边缘色彩接近，但与周围选区色彩差大的选区(边缘突出)。

**魔棒工具：**用来选定颜色比较接近的一块区域，而不必跟踪其轮廓。可以设置容差值来决定区域像素颜色的相似性。

(2)图层

图层就像一张大小可变的纸，用户可以在纸张上画画，把各个图层叠加在一起，就可以组成一幅完整的画面。通过上面图层画面的大小、透明度等参数使得下面的图层也能显现出来一部分，让多个图层较好地融合在一起。可以利用图层面板对图层进行：增加、删除、移动图层，图层混合模式，图层透明度，隐藏、锁定图层等操作。

(3)图形文件格式

Photoshop CC 与之前所有版本的 Photoshop 一样，支持多种文件格式，包括 JPEG 格式、PSD 格式、BMP 格式、PDF 格式、GIF 格式以及 TIFF 格式等。其中，PSD 格式是使用 Photoshop 软件生成的图形文件格式，文件扩展名为 PSD 和 PDD，这种格式可以完整地保存图像文件的图层、通道、颜色模式。

## 1.9.3　实验设备

本次实验所使用的软件是 Adobe Photoshop CC。

## 1.9.4　实验步骤

实验所使用的图像文件素材均存放于“PS 实验 1.9”文件夹中。

(1)双击 Photoshop Ps 图标，打开 Photoshop CC 软件，其界面如图 1-9-1 所示。

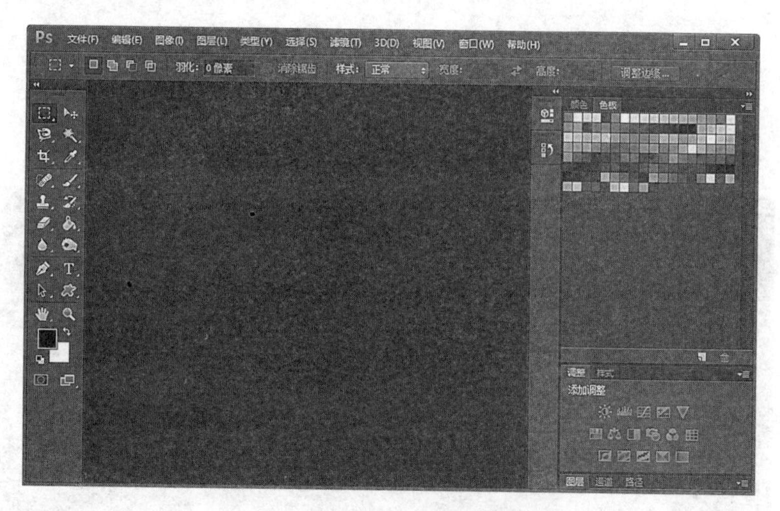


图 1-9-1　Photoshop CC 软件界面

(2)打开图像素材。选择“文件”→“打开”选项，然后选择打开“PS 实验 1.9”文件夹中的“武汉大学地图 .jpg”、“武汉大学行政楼 .jpg”、“武汉大学中心湖 .jpg”、“武汉大学樱园宿舍 .jpg”、“武汉大学正门 .jpg”等 5 张图像文件，如图 1-9-2 所示。

图 1-9-2　打开图像文件

(3)在“武汉大学正门.jpg”图像文件中，选择【矩形选框工具】(如图 1-9-3 所示)，选中正门的主体部分，如图 1-9-4 所示。

图 1-9-3　矩形选框工具

图 1-9-4　选中正门主体部分

(4)选择主面板中的【编辑】菜单，选取“编辑”→“拷贝”命令(如图 1-9-5 所示)。

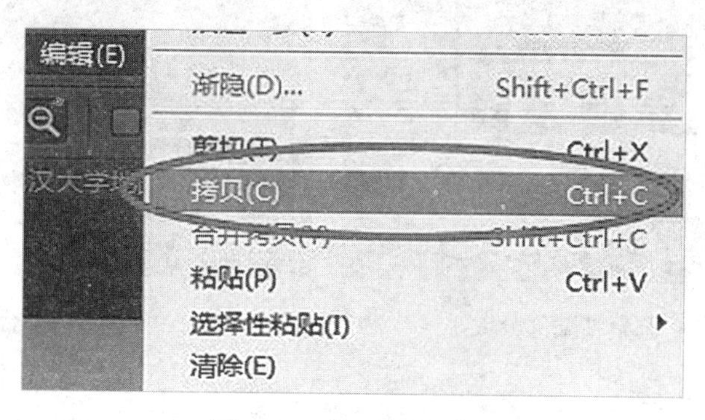


图 1-9-5 拷贝选中部分

(5)选择“武汉大学地图 . jpg”，然后选择主面板中的【编辑】菜单，选取“编辑”→“粘贴”命令(如图 1-9-6 所示)。

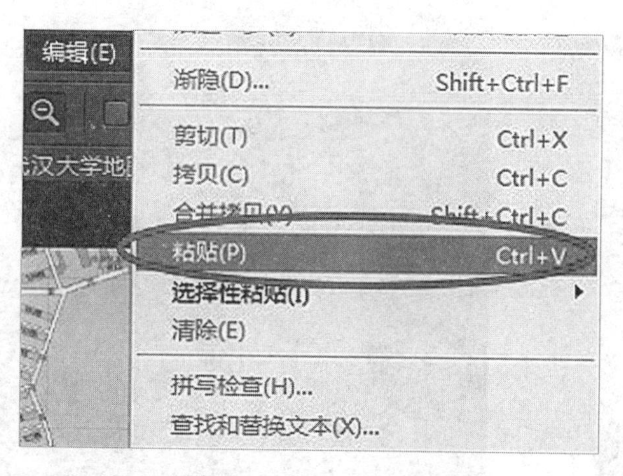


图 1-9-6 粘贴选中部分

(6)按住 Ctrl+T 键，粘贴的正门部分的周围出现调整框(如图 1-9-7 所示)，在按住 Shift 键的同时拖动对角的手柄，调整图像的大小，并将其移动到地图中的适当位置，如图 1-9-8 所示。

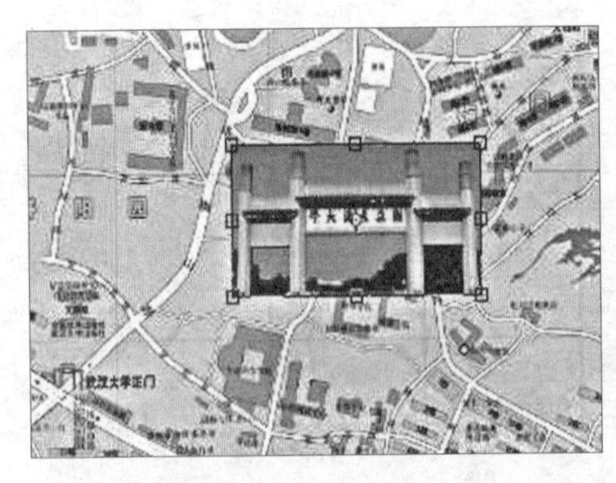


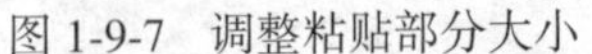
图 1-9-7　调整粘贴部分大小

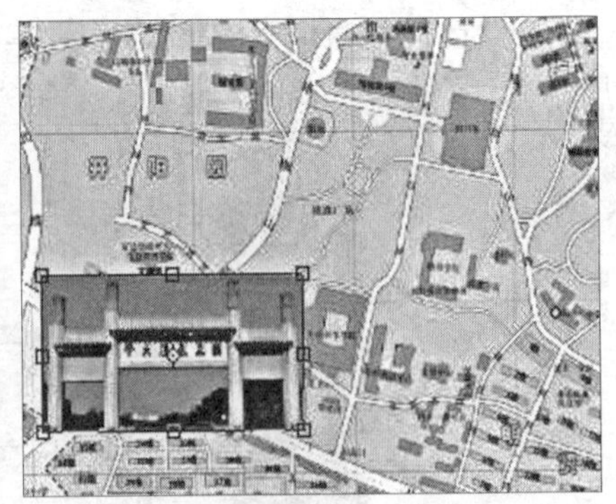

图 1-9-8　移动至合适位置

(7)完成后，按“Enter”键确认变换，然后关闭“武汉大学正门 . jpg”。

(8)选择“武汉大学中心湖 . jpg”，选择【椭圆选框工具】◯(如图 1-9-9 所示)，选中中心湖的主体部分，如图 1-9-10 所示。

图 1-9-9　椭圆选框工具

图 1-9-10　选中中心湖主体部分

(9)选择主面板中的【编辑】菜单，选取“编辑”→“拷贝”命令(如图 1-9-5 所示)。

(10)选择“武汉大学地图 . jpg”，然后选择主面板中的【编辑】菜单，选取

“编辑”→“粘贴”命令(如图 1-9-6 所示)。

(11)按住 Ctrl+T 键，在粘贴的老图部分周围出现调整框(如图 1-9-11 所示)，在按住 Shift 键的同时拖动对角的手柄，调整图像的大小，并将其移动到地图中的适当位置，如图 1-9-12 所示。

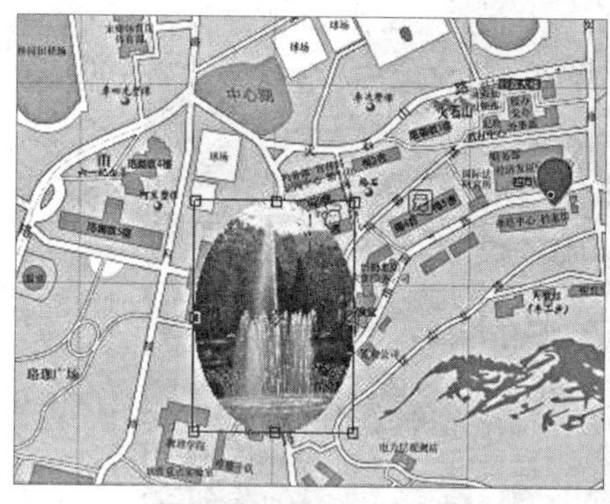


图 1-9-11　调整粘贴部分大小

图 1-9-12　移动至合适位置

(12)完成后，按“Enter”键确认变换，然后关闭“武汉大学中心湖 . jpg”。

(13)选择“武汉大学行政楼 . jpg”，选择【椭圆选框工具】◌(如图 1-9-9 所示)，并选中“从选区中减去”参数，如图 1-9-13 所示。

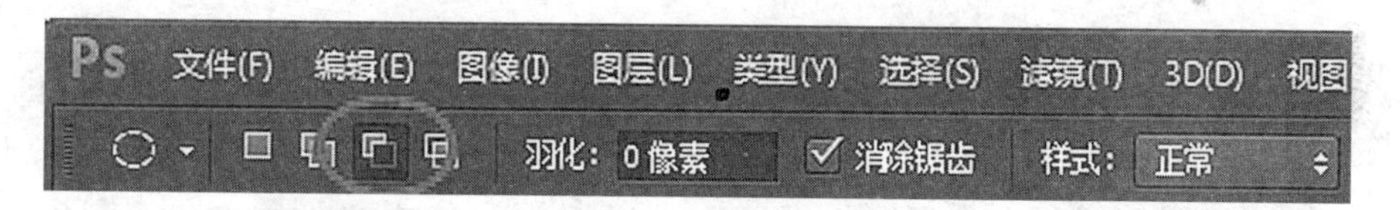


图 1-9-13　选择样式

(14)先进行椭圆选框，然后在椭圆选框的左右两边再进行椭圆选框，得到效果如图 1-9-14 所示。

(15)选择主面板中的【编辑】菜单，选取“编辑”→“拷贝”命令(如图 1-9-5 所示)。然后选择“武汉大学地图 . jpg”，选择主面板中的【编辑】菜单，选取“编辑”→“粘贴”命令(如图 1-9-6 所示)。

图 1-9-14　选中行政楼主体部分

(16)按住 Ctrl+T 键，在粘贴的行政楼部分周围出现调整框(如图 1-9-15 所示)，在按住 Shift 键的同时拖动对角的手柄，调整图像的大小，并将其移动到地图中的适当位置，如图 1-9-16 所示。

图 1-9-15　调整粘贴部分大小

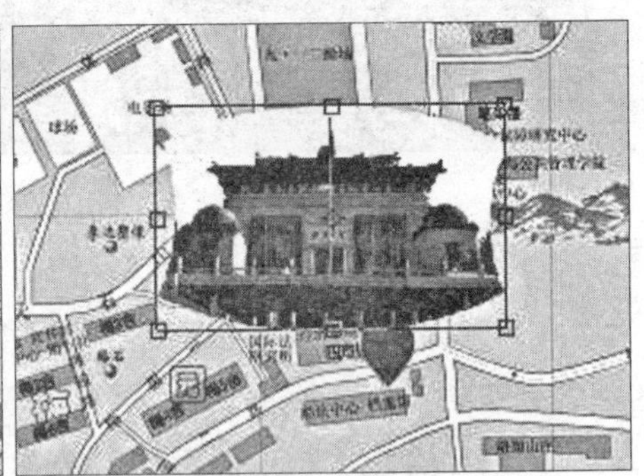

图 1-9-16　移动至合适位置

(17)完成后，按"Enter"键确认变换，然后关闭"武汉大学行政楼 . jpg"。

(18)选择“武汉大学樱园宿舍 .jpg”，选择【工具】面板中的【自定形状工具】(如图 1-9-17 所示)中的“红心形卡”，如图 1-9-18 所示。

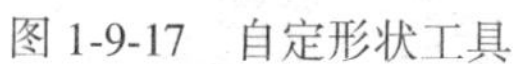
图 1-9-17 自定形状工具

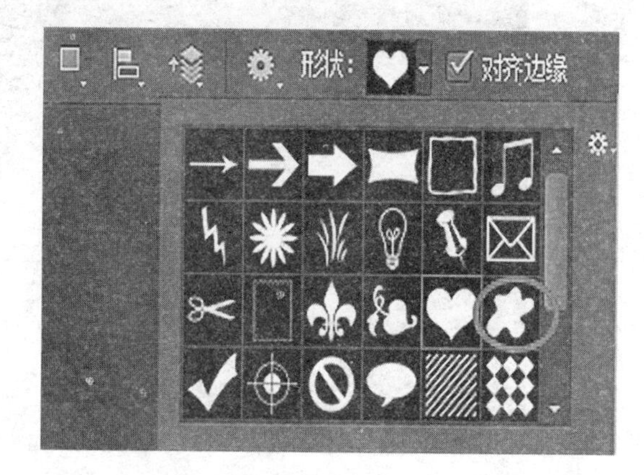


图 1-9-18 选择“水渍形 1”

(19)改变当前的前景色，选择前景色为红色，如图 1-9-19 所示。

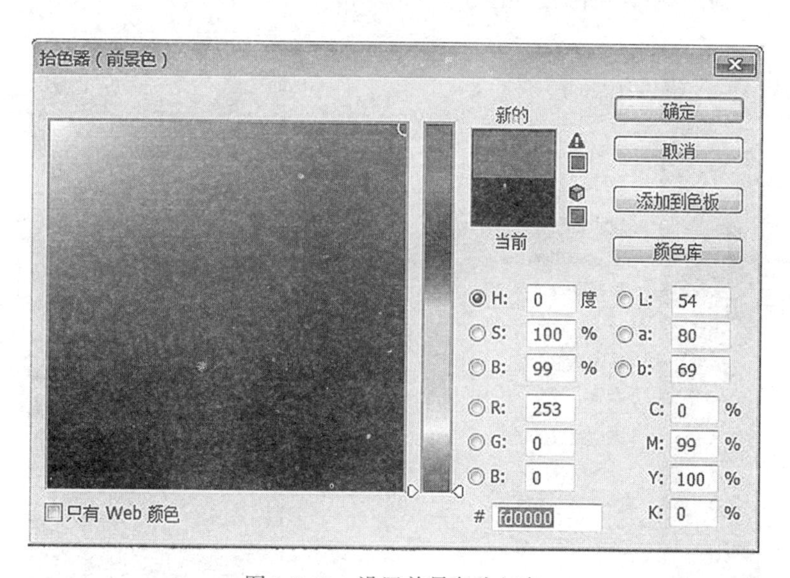


图 1-9-19 设置前景色为红色

(20)在“武汉大学樱园宿舍 .jpg”中绘制该水渍形状，并适当调整该形状的大小，包括图片中的主体部分，如图 1-9-20 所示。

图 1-9-20　遮盖主体部分

(21)选择主面板中的【图层面板】，执行“图层”→“栅栏化”→“形状”命令，将该图形转换为位图，如图 1-9-21 所示。

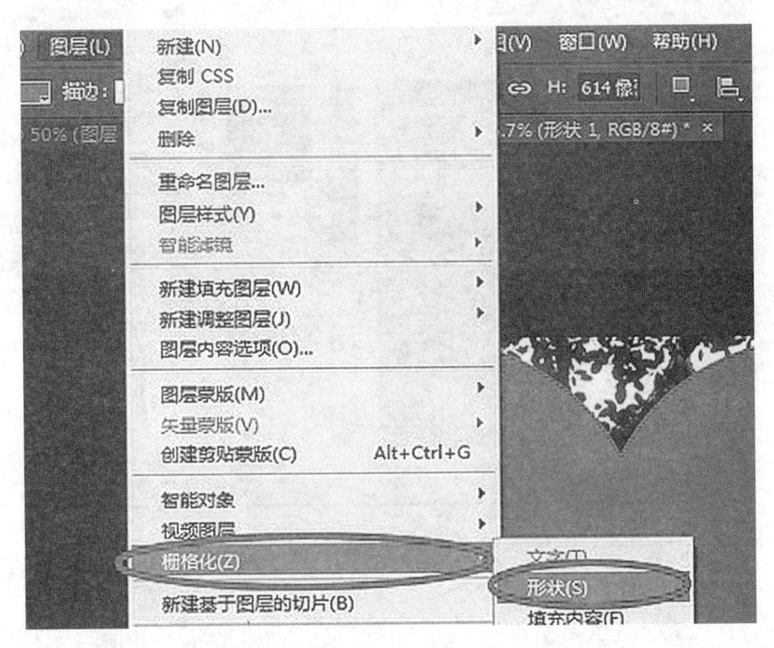


图 1-9-21　转化为位图

（22）选择【工具】面板中的【魔棒工具】在红色区域上单击，创建选区，即选中了“红心形卡”部分，如图 1-9-22 所示。

图 1-9-22 使用魔棒工具

（23）双击“武汉大学樱园宿舍 . jpg”中的“背景”图层，使图层解锁为“图层 0”，如图 1-9-23 所示。解锁后图层面板如图 1-9-24 所示。

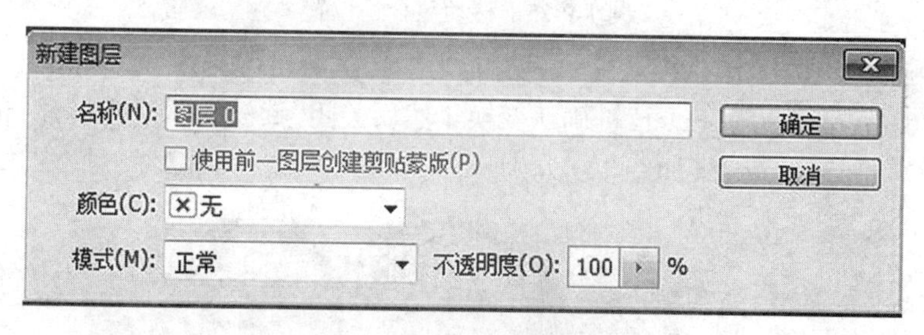


图 1-9-23 解锁“背景”图层

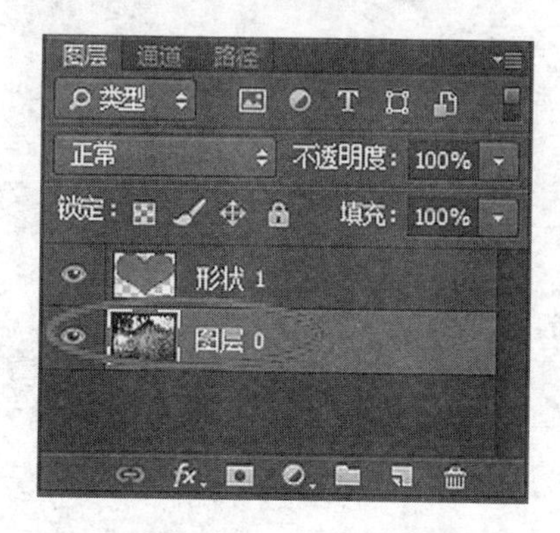


图 1-9-24 图层栏

(24) 选中“图层 0”，然后选择主面板中的【编辑】菜单，选取“编辑”→“拷贝”命令(如图 1-9-5 所示)。然后选择“武汉大学地图 . jpg”，选择主面板中的【编辑】菜单，选取“编辑”→“粘贴”命令(如图 1-9-6 所示)。

(25) 按住 Ctrl+T 键，在粘贴的宿舍部分周围出现调整框。在按住 Shift 键的同时拖动对角的手柄，调整图像的大小，并将其移动到地图中的适当位置，如图 1-9-25 所示。

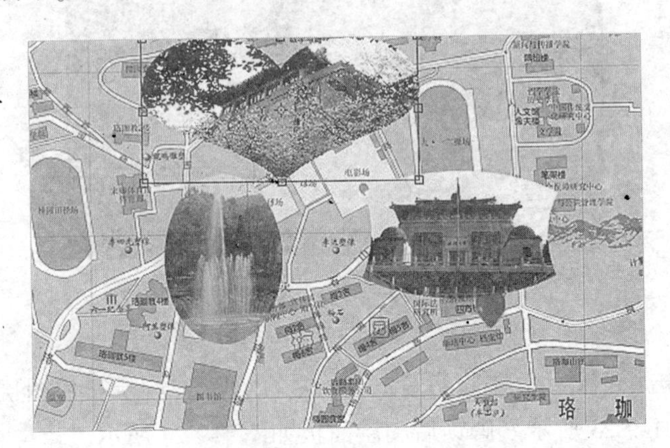


图 1-9-25　移动至合适位置

(26) 完成后，按“Enter”键确认变换，然后关闭“武汉大学樱园宿舍 . jpg”。

(27) 最终图片效果如图 1-9-26 所示。

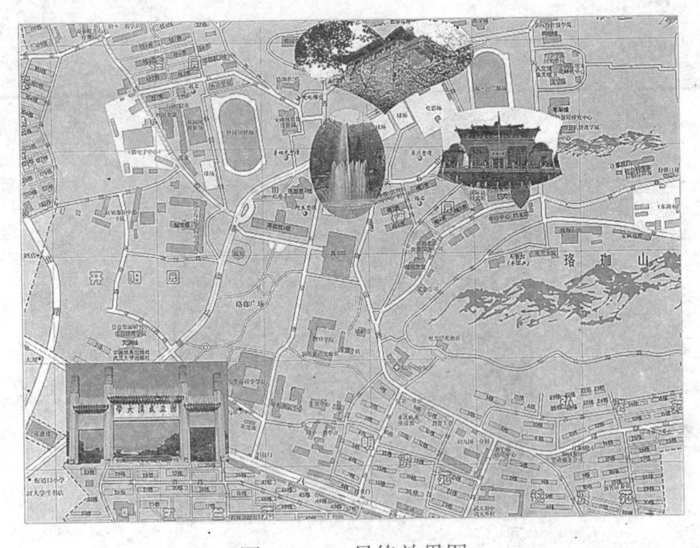


图 1-9-26　最终效果图

(28)保存文件。选择主面板中的【文件】菜单，选取"文件"→"存储为"命令，将图像文件分别以"武汉大学风景 . psd"和"武汉大学风景 . jpg"为文件名保存在指定文件夹中。

## 1.10 综合实验

### 1.10.1 实验目的

(1)进一步了解 Photoshop 的基本功能，熟悉界面。
(2)复习并且练习所学的 Photoshop 工具。
(3)综合运用 Photoshop 中的常用工具。

### 1.10.2 实验任务

将所给的实验素材——"荷花 . jpg"、"山水画 . jpg"以及"印章 . jpg"，综合文字工具，合成一张如图 1-10-1 所示的具有优美意境的图像。

图 1-10-1 具有优美意境的图像

### 1.10.3 实验设备

本次实验所使用的软件是 Adobe Photoshop CC。

### 1.10.4 实验步骤

实验所使用的图像文件素材均存放于"PS 实验 1. 10"文件夹中。

(1) 双击 Photoshop 图标，打开 Photoshop CC 软件，其界面如图 1-10-2 所示。

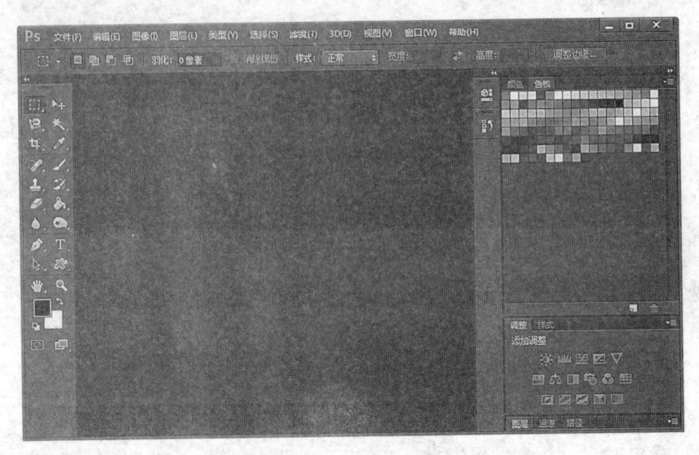

图 1-10-2　Photoshop CC 软件界面

(2) 新建图像文件。选取“文件”→“新建”，打开【新建】对话框，新建一个名为“荷花图”的图像文件，具体设置如图 1-10-3 所示。

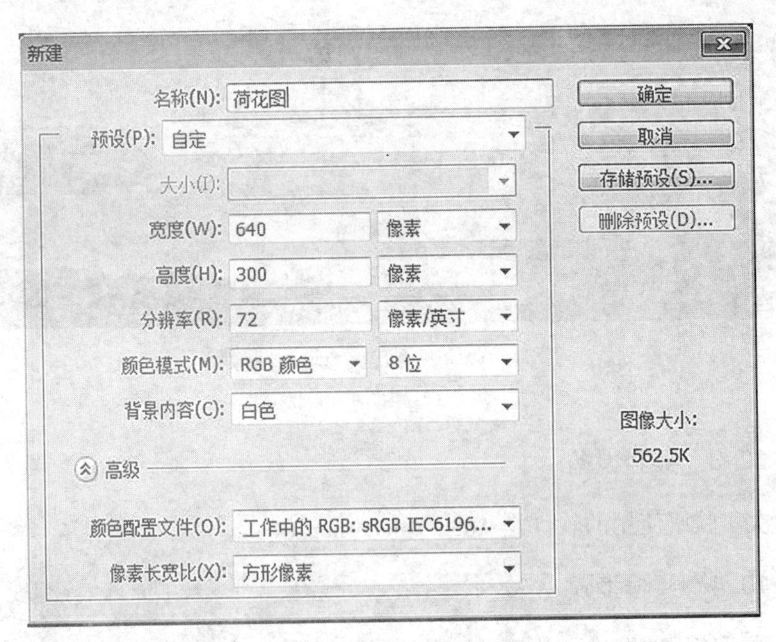


图 1-10-3　新建图像文件

（3）创建图像背景。选择【渐变工具】，设置渐变前景色为#d08f1d，背景色为#453f3f，在选项栏中选择渐变填充为【径向渐变】，在图像中创建渐变效果，如图 1-10-4 所示。

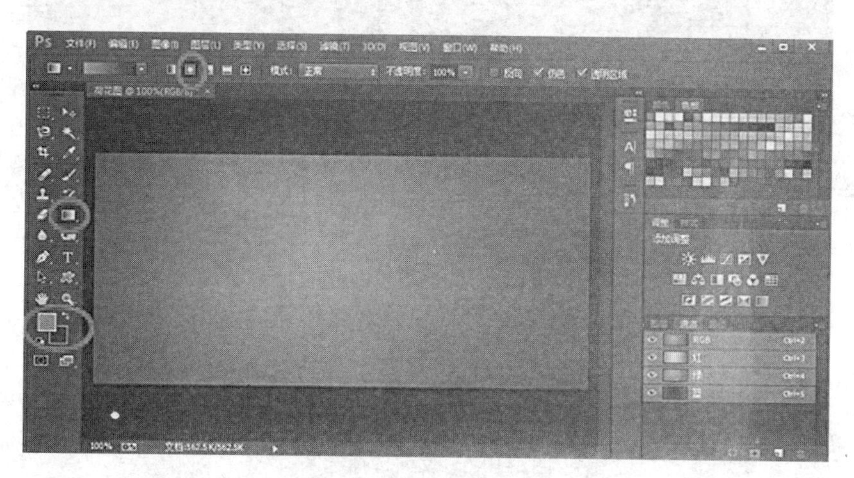

图 1-10-4　创建渐变效果

（4）打开图像素材。打开本章素材文件夹中名为“荷花”的图像文件，选择【工具】面板中的【魔棒工具】，在淡蓝色背景上单击，创建选区，即选中全部背景。如果没有完全选中，可以在未选中处进行鼠标右键，单击后选中“添加到选区”，直至完全选中背景，如图 1-10-5 所示。

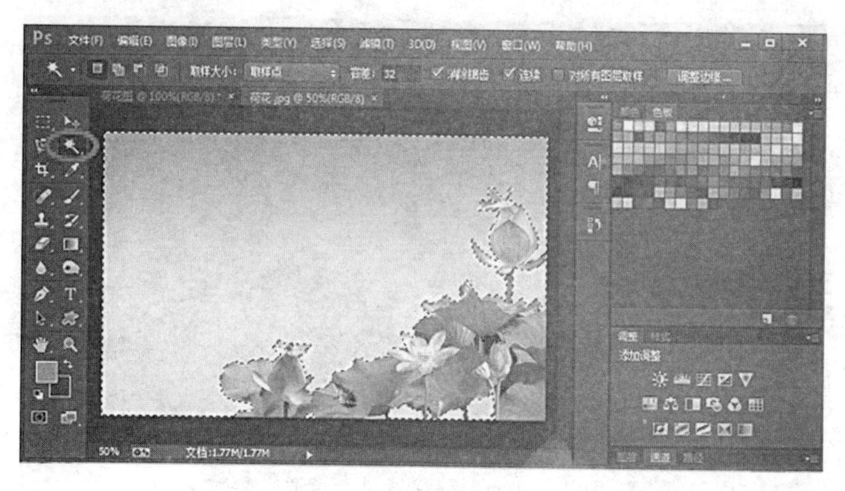

图 1-10-5　选中图像背景

(5)选中的背景处进行右键单击，选取"选择反向"，将选区反选，选中荷花图像，如图 1-10-6 所示。

图 1-10-6 反向选择选区

(6)选择【移动工具】，将选区中的"荷花"图像拖入到背景图像窗口中，按下 Ctrl+T 键，在图像周围出现调整框，在按住 Shift 键的同时拖动对角的手柄，调整图像的大小，用方向键调整其至适当位置，然后点击"Enter"键进行确定。其效果如图 1-10-7 所示。

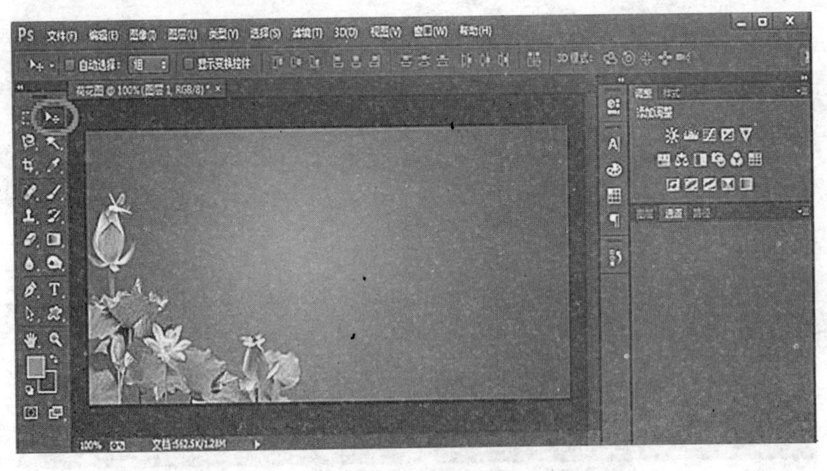

图 1-10-7 调整荷花大小至合适位置

（7）打开名为“山水画”的图像文件，将图像全选，选择【矩形选框工具】，选中全图（如图1-10-8所示），执行“编辑”→“拷贝”命令。

图1-10-8　选中“山水画”

（8）在“荷花图”中执行“编辑”→“粘贴”命令，将图像粘贴至图像文档窗口中。按下Ctrl+T键，在图像周围出现调整框，在按住Shift键的同时拖动对角的手柄，调整图像的大小，使其与原图层大小一致（如图1-10-9所示），然后确定。

图1-10-9　调整“山水画”大小

(9)此时打开“荷花图”的【图层】面板，“山水画”已经变为“图层 2”。单击“山水画”所在“图层 2”左侧的【显示/隐藏图层】按钮，将该层暂时隐藏，如图 1-10-10 所示。

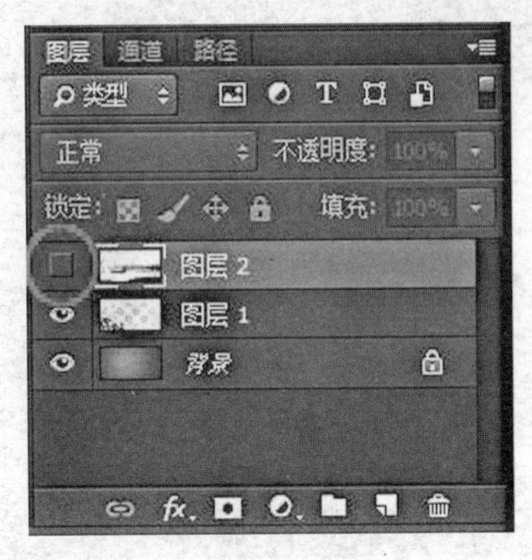


图 1-10-10　隐藏图层

(10)选中“图层 1”(即荷花所在图层)，在该图层上右键单击选择“混合选项”或单击下方的【添加图层样式】按钮(如图 1-10-11 所示)再选择“混合选项”。弹出【图层样式】对话框，如图 1-10-12 所示。选中左侧的样式“投影”，设置右侧的选项：投影颜色为：#d08f1d。同时，注意调整和预览图像窗口效果。

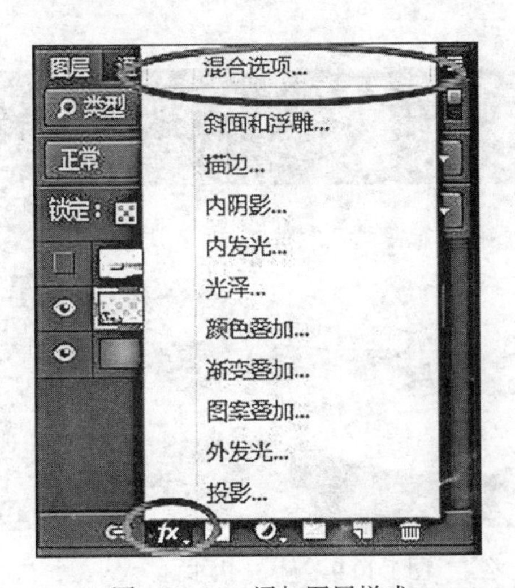


图 1-10-11　添加图层样式

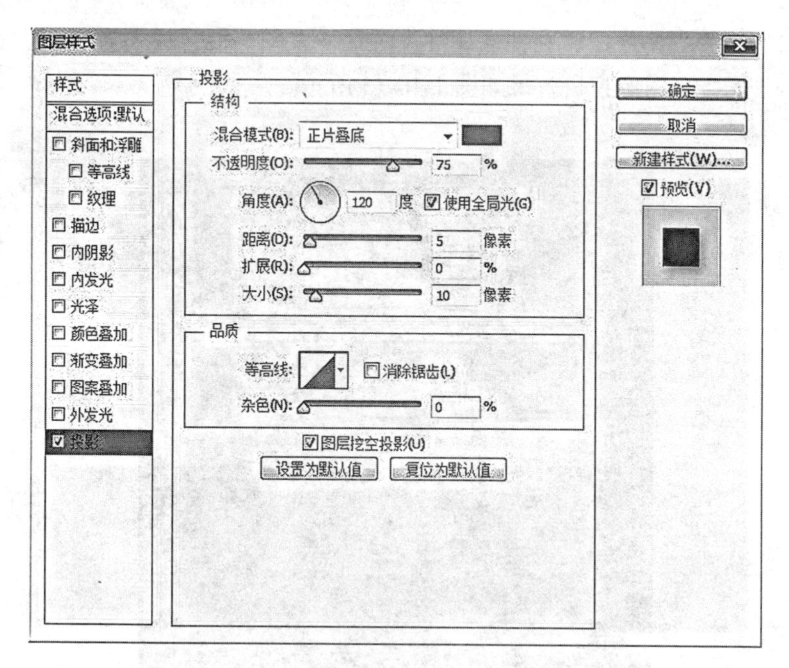


图 1-10-12　调整图层样式中的“投影”

(11)点击“确定“后，图层面板如图 1-10-13 所示。

图 1-10-13　图层面板

（12）选择“图层 1”，在图层属性设置区设置图层混合模式为“明度”（如图 1-10-14 所示）。图像窗口效果如图 1-10-15 所示。

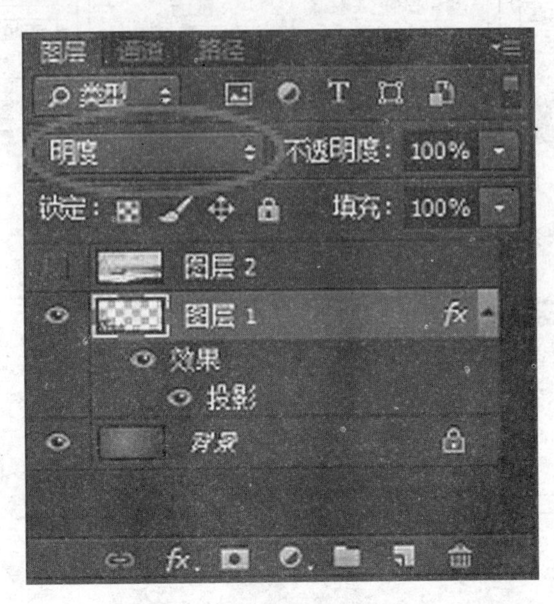


图 1-10-14　调整图层混合模式

图 1-10-15　调整图层混合模式后的效果图

（13）选中图层 2（即山水图所在图层），首先单击“图层 2”左侧的【显示/隐藏图层】按钮，将该层显示出来，其次单击图层下方的【添加图层蒙板】按钮，如图 1-10-16 所示。

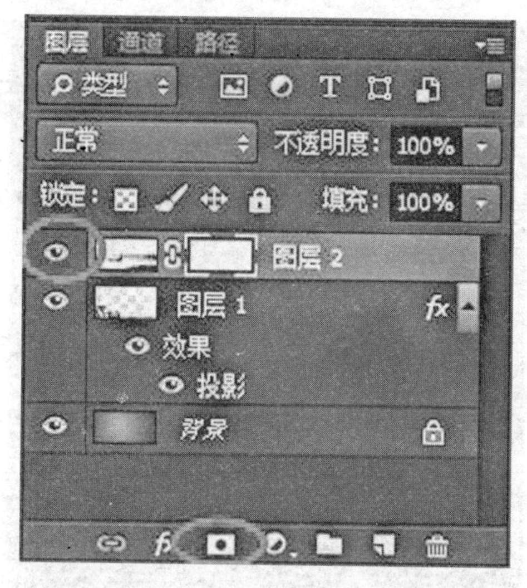


图 1-10-16　显示图层并添加图层蒙板

(14)选择【渐变工具】，在选项栏中选择渐变填充为【线性渐变】，如图1-10-17所示。设置前景色为黑色，背景色为白色，在蒙板上创建黑色至白色的渐变效果，如图 1-10-18 所示。图像窗口效果如图 1-10-19 所示。

图 1-10-17　选择线形渐变

图 1-10-18　创建渐变效果

图 1-10-19　创建渐变效果后的效果图

(15)选择图层 2，在【图层】面板设置图层混合模式为“强光”，如图 1-10-20 所示。图像窗口效果如图 1-10-21 所示。

(16)选择【工具】面板中的【文字工具】，选取“窗口”→“字符”，如图 1-10-22 所示。设置字体为：方正黄草简体；加粗；字号：100；颜色：#d0caca；在图像窗口中单击，输入文字“荷”，将文字置于图像右下方，然后单击右上

图 1-10-20　调整图层混合模式

图 1-10-21　调整图层混合模式后的效果图

方的✓，确认输入的文字。

(17)选择文字“荷”的图层，在该图层上右键单击选择“混合选项”或单击下方的【添加图层样式】按钮(如图 1-10-23 所示)再选择“混合选项”，弹出【图层样式】对话框，选择左侧的“投影”，在右侧设置图层混合效果，投影颜色

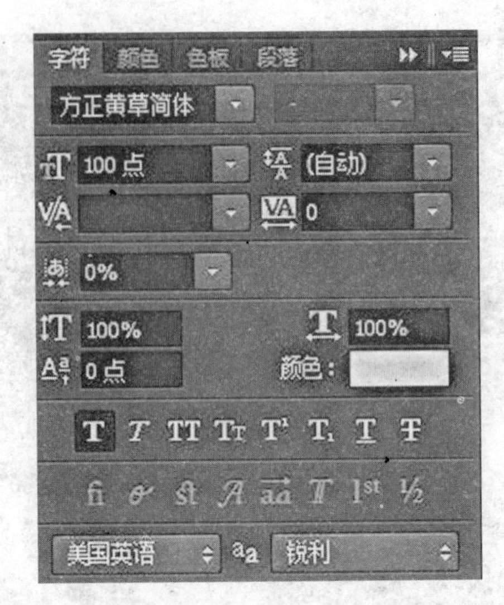


图 1-10-22　设置字符属性

为：#d08f1d，如图 1-10-24 所示。选择左侧的“渐变叠加”，在右侧设置图层混合效果，如图 1-10-25 所示。

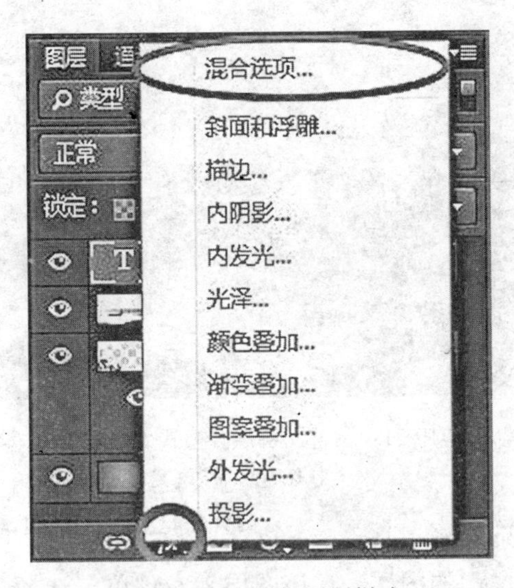


图 1-10-23　添加图层样式

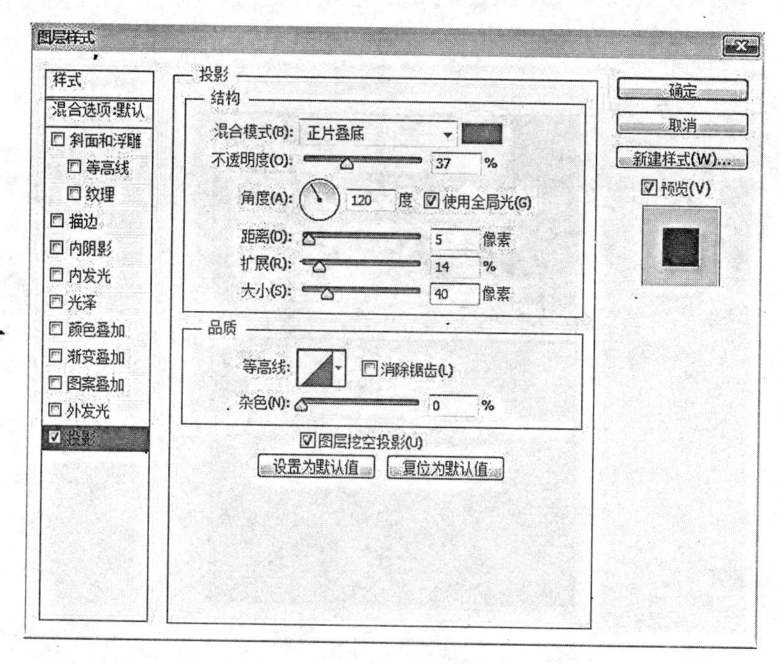


图 1-10-24 设置图层混合效果中的“投影”

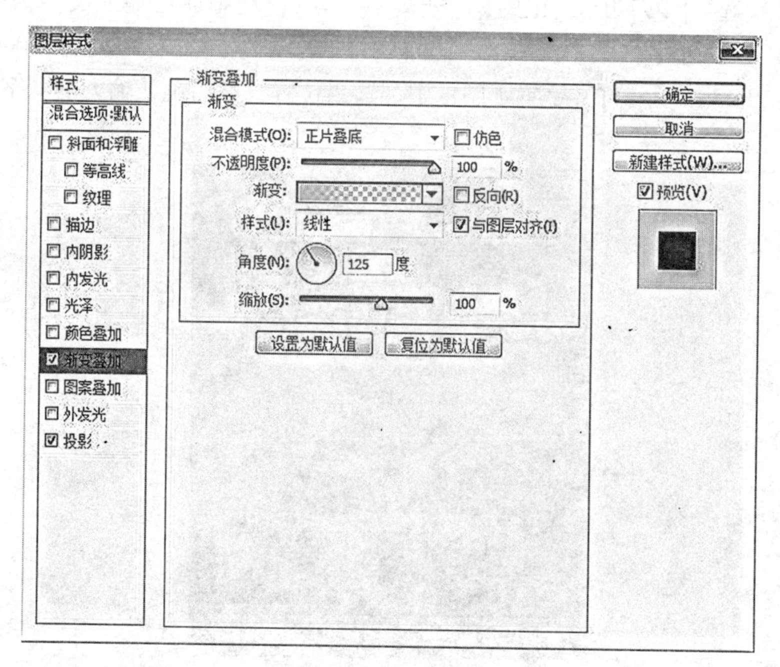


图 1-10-25 设置图层混合效果中的“渐变叠加”

（18）设置完成的【图层】面板如图 1-10-26 所示。

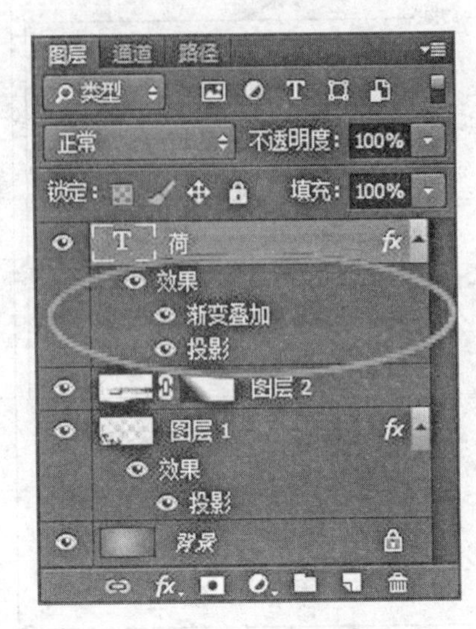


图 1-10-26　图层面板

（19）选择【文字工具】中的【直排文字工具】，在画面中输入文字“出淤泥而不染”，设置字体为：方正黄草简体；加粗；字号：24；颜色：#000000，如图 1-10-27 所示。将文字置于图像中部适当位置，然后确认输入的文字。

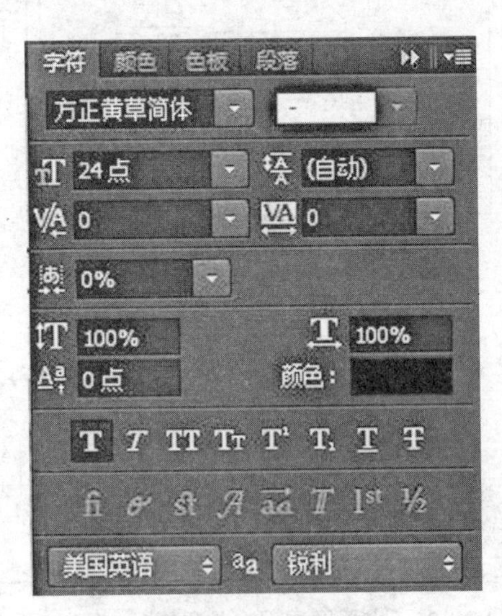


图 1-10-27　设置字符属性

(20)在画面中继续输入文字“濯清涟而不妖”，设置字体为：方正黄草简体；加粗；字号：24；颜色：#000000，如图1-10-27所示。将文字置于图像中部适当位置，然后确认输入的文字。

(21)在画面中继续输入文字“书於己丑年六月”，设置字体为：方正黄草简体；加粗；字号：16；颜色：#000000。将文字置于图像中部适当位置，然后确认输入的文字。字样排列效果如图1-10-28所示。

图1-10-28 字样排列效果图

(22)此时的【图层】面板如图1-10-29所示。单击面板下方的【创建组】按钮，在文字的上方创建“组1”，如图1-10-30所示调整【图层】面板。

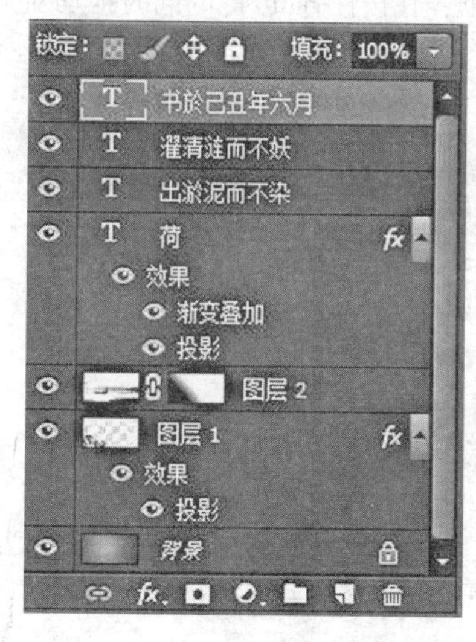


图1-10-29 调整前的图层面板

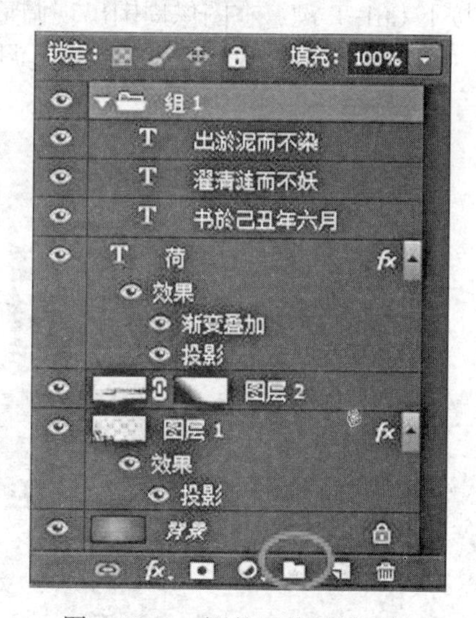


图1-10-30 调整后的图层面板

(23)打开本章素材文件夹中名为“印章 . psd”的图像文件，选择【工具】面板中的【魔棒工具】，在白色背景上单击，创建选区。如果没有完全选中，可以在未选中处进行鼠标右键，单击后选中“添加到选区”，直至选中全部白色部分。随后右键单击，选取“选择反向”，将选区反选，选中印章图像，如图 1-10-31 所示。

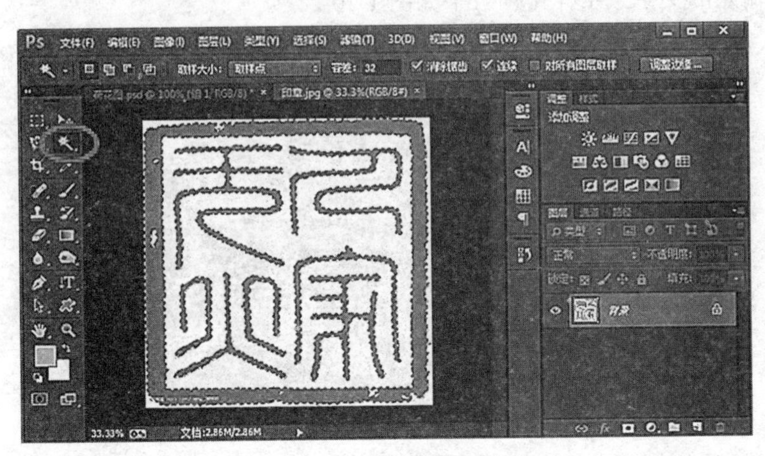


图 1-10-31　反向选择印章图像

(24)选择【移动工具】，将选区中的“印章”图像拖入“荷花”背景图像窗口中。按下 Ctrl+T 键，在图像周围出现调整框，在按住 Shift 键的同时拖动对角的手柄，调整图像的大小，用方向键将其调整到适当位置，如图 1-10-32 所示。

图 1-10-32　将印章置于合适位置

(25)最终效果图如图 1-10-33 所示。选择主面板中的【文件】菜单，选取“文件”→“存储为”命令，将图像文件分别以“荷花图 . psd”和“荷花图 . jpg”为文件名保存在指定文件夹中。

图 1-10-33　最终效果图

# 第2章 Abrosoft AantaMorph 部分

## 2.1 美女和野兽

### 2.1.1 实验目的

(1)了解奇幻变脸秀的基本功能，熟悉界面。

(2)实现人脸变形基本动画。

### 2.1.2 实验任务

将所给的实验素材——“美女 . jpg”和“野兽 . jpg”，合成一张如图 2-1-1 所示的动画。

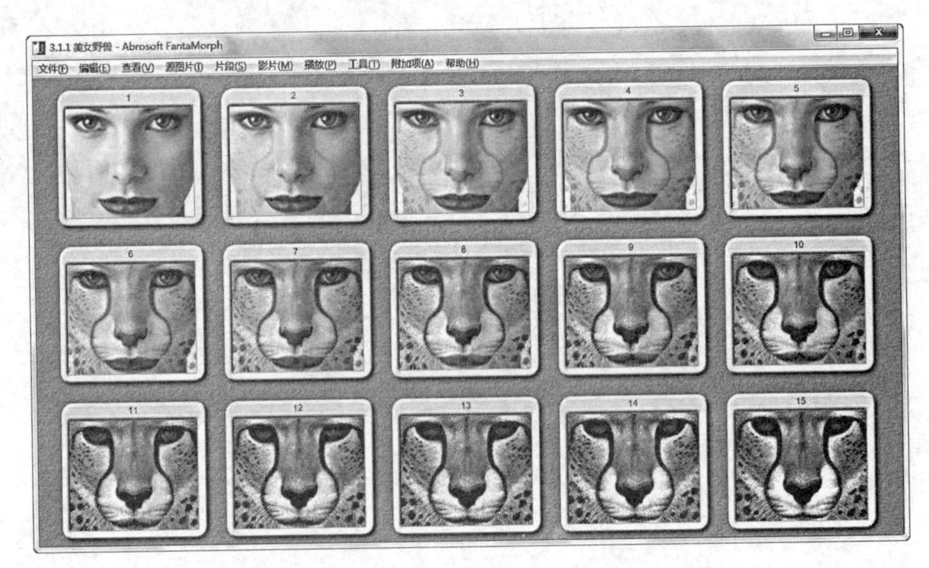


图 2-1-1 最终效果图

## 2.1.3 实验设备

本次实验所使用的软件是奇幻变脸秀(英文名：Abrosoft FantaMorph)。虽然它的中文名称是“变脸秀”，但实际上它是一款优秀的变形动画制作工具，除了可以制作本例中的人面变兽面的动画之外，还可以制作飞鸟变游鱼、少年变老人、孙悟空七十二变等变形动画。即使只是一个普通人，也可以在几分钟内创建出这些只在电影电视中出现的专业效果。充分发挥自己的天才想象，就能用奇幻变脸秀寻找到从未有过的乐趣。

## 2.1.4 实验步骤

实验所使用的图像文件素材均存放于“FantaMorph 实验 1”文件夹中。

(1)打开 FantaMorph 软件，其界面如图 2-1-2 所示。

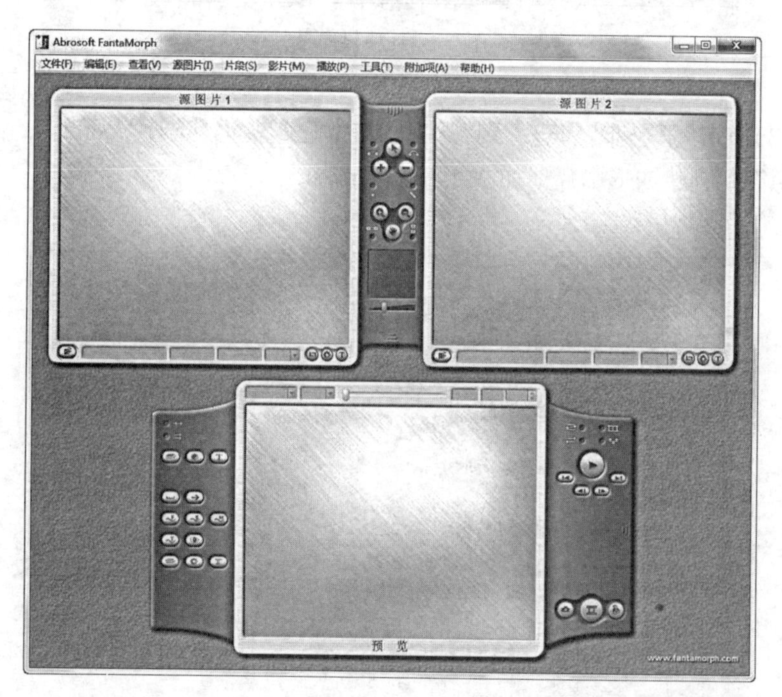


图 2-1-2 Abrosoft AantaMorph 软件界面

(2)新建动画文件。选取“文件”→“新建项目向导”菜单，打开【项目向导】对话框，如图 2-1-3 所示。

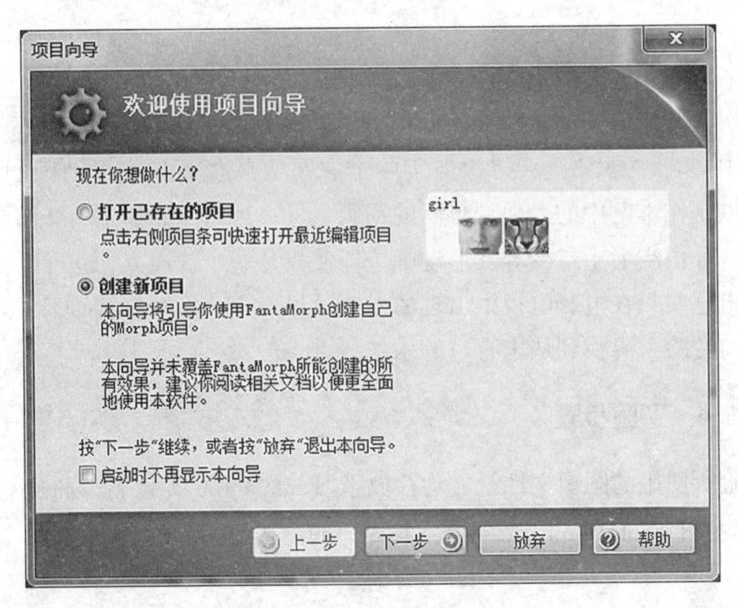


图 2-1-3　项目向导

(3)点击"下一步"，进入到"选择项目类型"界面，选择"Morph"，将使用两张源图片创建变形影片，如图 2-1-4 所示。

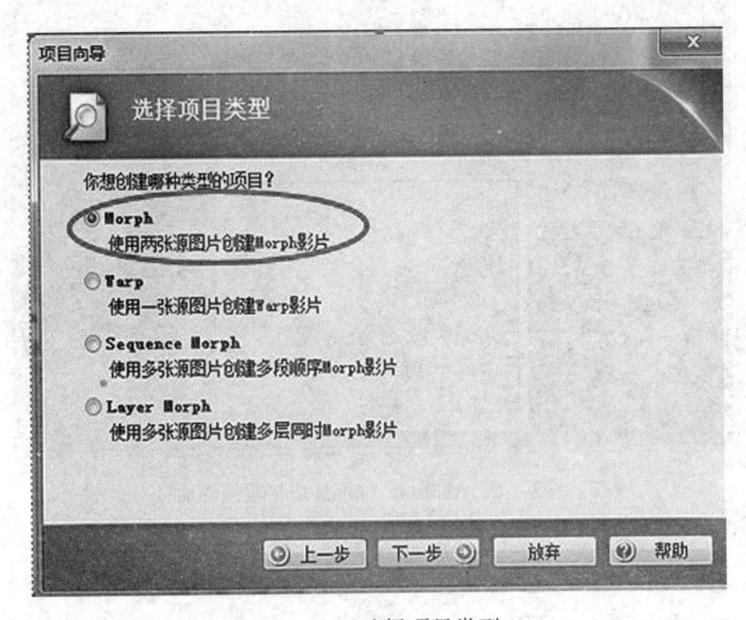


图 2-1-4　选择项目类型

(4)点击“下一步”，进入到“导入源图片”界面，如图 2-1-5 所示。选择“美女 . jpg”作为源图片 1，选择“野兽 . jpg”作为源图片 2。

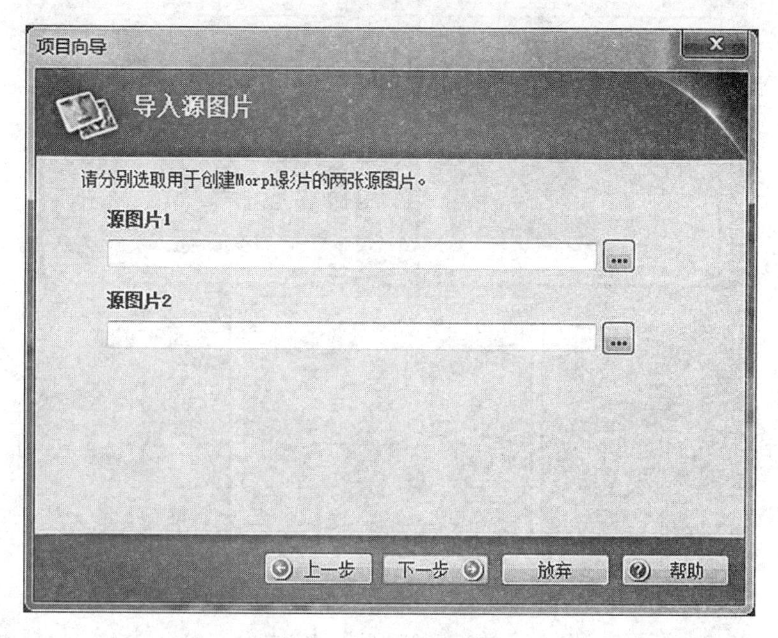


图 2-1-5　导入源图片

(5)后面都采用默认设置，全都点击“下一步”直至向导最后。项目创建完成后，界面如图 2-1-6 所示，左上方是源图片 1 美女的内容，右上方是源图片 2 野兽的内容，而下方是这两张图片之间变形动画的预览窗口。

(6)选择右下方的播放按钮，观察下方动画预览窗口，可以清楚地看到一个由美女变为野兽，再由野兽变回美女的动画。

自动生成的变形动画十分简陋，有点类似于 PowerPoint 里的淡入/淡出动画，这明显不能体现出美女是如何变成野兽的，效果不能让人满意，所以必须进一步进行调整。

在美女左侧眼角处单击，如图 2-1-7 所示，则在右侧豹子图片的对应位置也出现了相同的一个关键点。也就是说，两张图片中对应的位置建立了一定的关联。

(7)光标移至右边豹子眼角处的关键点(此时关键点会开始闪烁，表示可以开始移动了)，移动此关键点至豹子的眼角处，如图 2-1-8 所示。

(8)点击美女的五官添加上关键点，并在豹子图片上移动对应的关键点，

图 2-1-6　项目创建完成

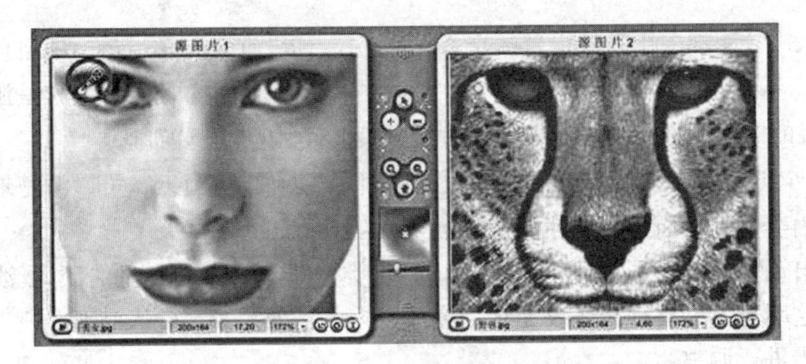


图 2-1-7　添加关键点

如图 2-1-9 所示。此时下方的预览窗口中，应该显示出一个半人半豹的形象来(播放进度应保证正好是中间位置)。如果发现这种半人半豹的形象，则说明其还存在问题，应调整关键点的位置或添加新点，使中间帧的图像看起来“正常”。

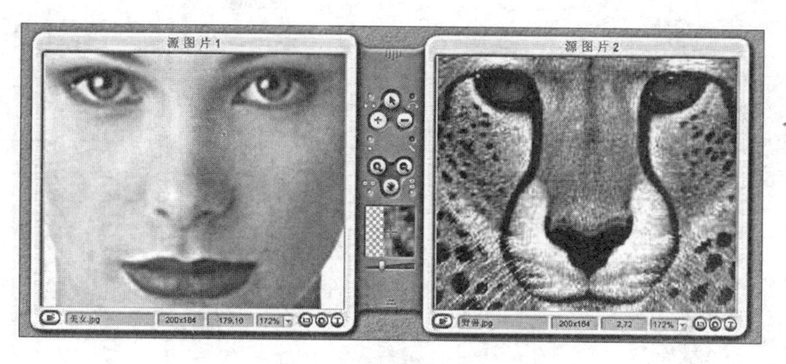


图 2-1-8 移动关键点

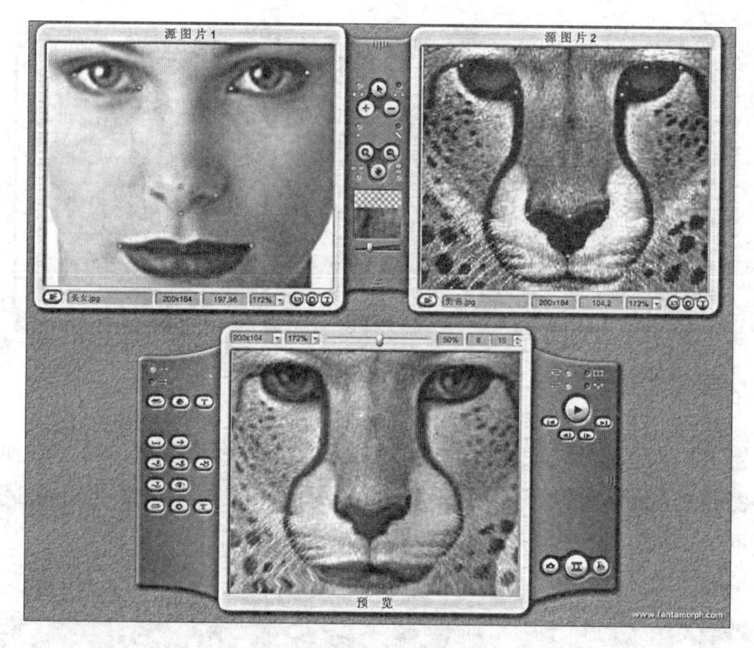


图 2-1-9 半人半豹

(9)在前一步骤中，嘴角已经变形到位了，但嘴唇的上下方感觉还有调整的余地。为美女上嘴唇中间位置添加关键点，如图 2-1-10 所示，如此豹子图片上却没有看到本应出现的对应关键点。其实关键点已经添加成功了，不过添加到了图片之外的位置，如图 2-1-11 所示将豹头图片缩小，则原本视线之外的绿色关键点终于出现了，用鼠标将其移动到豹子上嘴唇中部。

(10)使用类似方法给美女的下嘴唇添加关键点，调整豹子图片中的对应

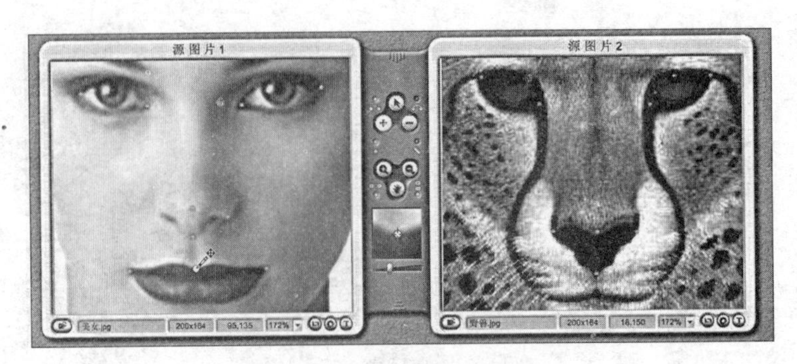


图 2-1-10　嘴唇上添加关键点

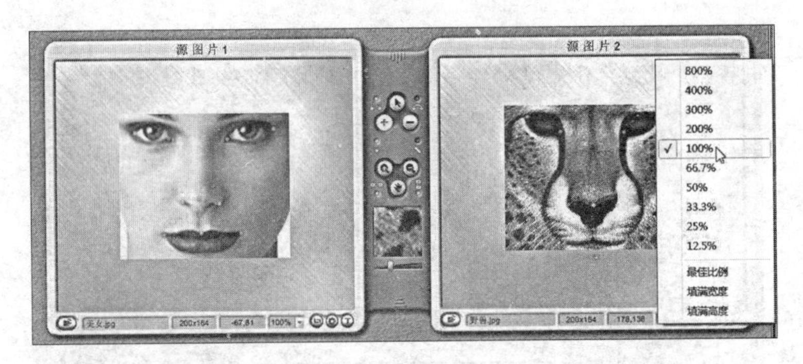


图 2-1-11　缩小视图

位置。再次播放预览窗口中的动画，如果不存在什么不协调的部分，则此美女变成野兽的动画就算做好了，大致效果如图 2-1-12 所示。如果还有问题，则继续在不协调的位置添加关键点并调整。

图 2-1-12　最终动画效果

(11)动画制作完成之后，若要输出给其他人观看动画影片，请选取“文件”→“输出影片”菜单，打开【影片输出】对话框，在其中选择需要输出的动画格式，然后指定动画保存的位置即可。

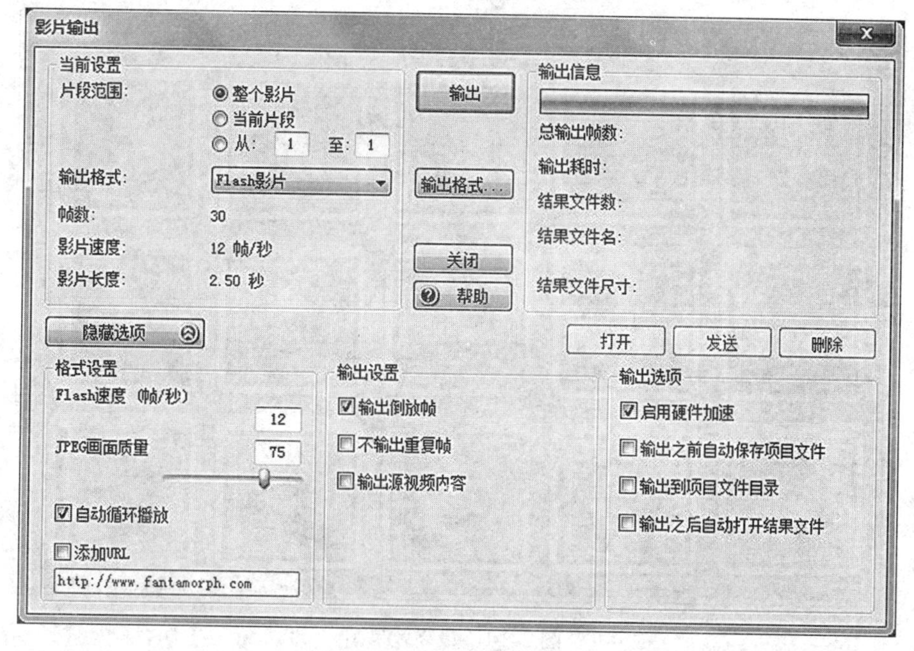


图 2-1-13 图层面板

# 2.2 摇头的蒙娜丽莎

## 2.2.1 实验目的

(1)了解奇幻变脸秀的基本功能，熟悉界面。

(2)实现人脸变形基本动画。

## 2.2.2 实验任务

使用所给的实验素材——“蒙娜丽莎 .jpg”，合成一张如图 2-2-1 所示的动画。

## 2.2.3 实验设备

本次实验所使用的软件是奇幻变脸秀(英文名 Abrosoft AantaMorph)。虽然它的中文名称叫做“变脸秀”，但实际上它是一款优秀的变形动画制作工具，

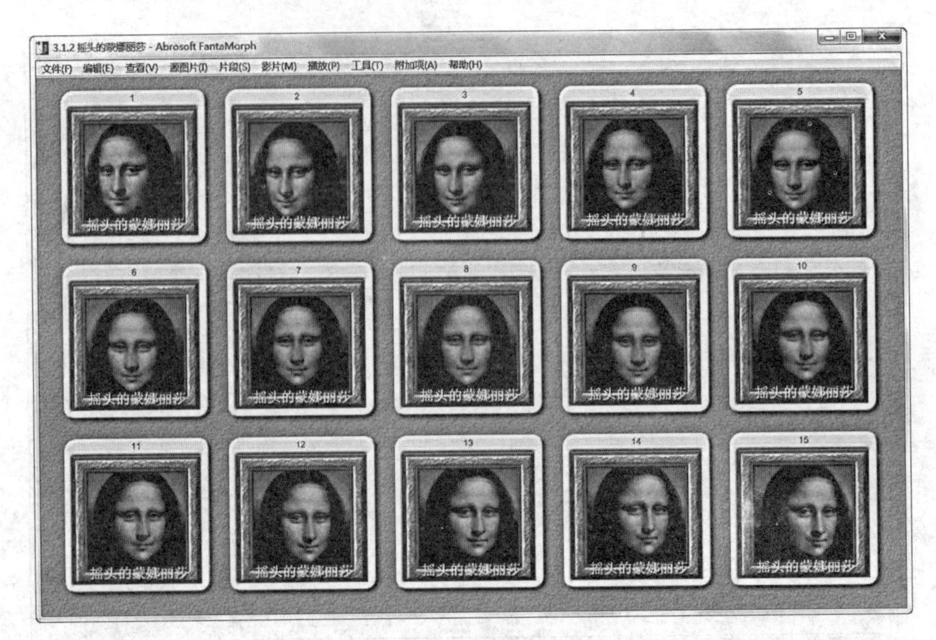


图 2-2-1　最终效果图

可以除了制作本例中的人面变兽面的动画之外，还可以制作飞鸟变游鱼、少年变老人、孙悟空七十二变等变形动画。即使只是一个普通人，也可以在几分钟内创建出这些只在电影电视中出现的专业效果。充分发挥自己的天才想象力，就能用奇幻变脸秀寻找到从未有过的乐趣。

### 2.2.4　实验步骤

实验所使用的图像文件素材均存放于“FantaMorph 实验 2”文件夹中。

(1)打开 FantaMorph 软件，选取“文件”→“新建项目向导”菜单，打开【项目向导】对话框，创建新项目。本实例的项目类型依然选择“Morph”，即将使用两张源图片创建变形影片；在下一步的“导入源图片”界面中，源图片 1 和源图片 2 都选择“蒙娜丽莎 . jpg”。

(2)由于本例中只需要蒙娜丽莎头部用来制作动画，所以需要对源图片进行适当的裁剪。进入“编辑源图片”项目向导，如图 2-2-2 所示。

(3)在源图片 1 下选择“裁剪”按钮，再进入“裁剪源图片 1”对话框中，并选择蒙娜丽莎的头部，如图 2-2-3 所示。图片区域不宜太大，否则会增加制作摇头动画的难度。记住此时裁剪区域的尺寸并点击“确定”按钮返回编辑源图片向导。

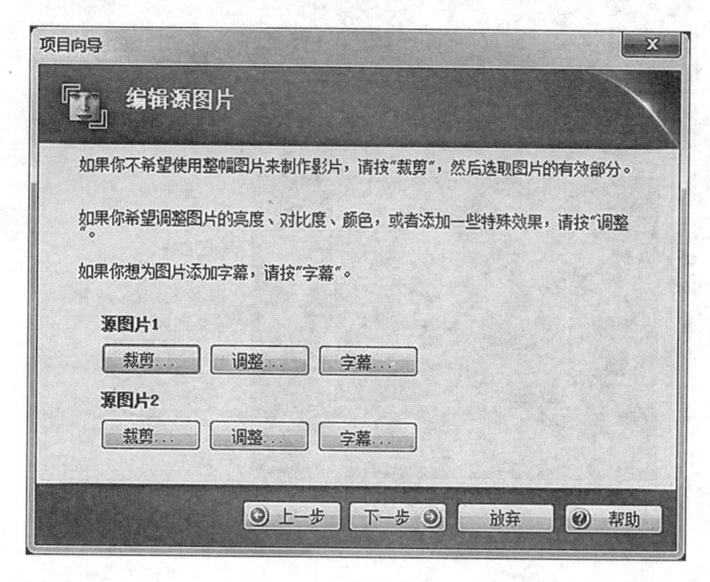


图 2-2-2　编辑源图片

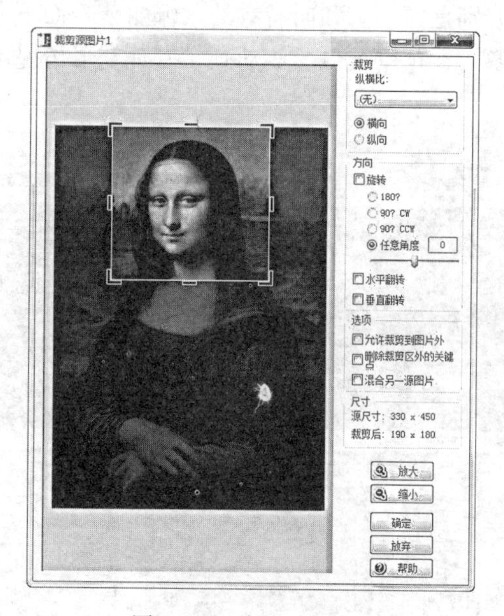


图 2-2-3　裁剪源图片 1

(4)在源图片 2 下点击"裁剪"按钮进入"裁剪源图片 2"对话框，在右侧勾选"水平翻转"复选框，则蒙娜丽莎图片朝向右侧了。此时再裁剪出一个和源图片 1 中相同尺寸和位置的区域来，如图 2-2-4 所示。

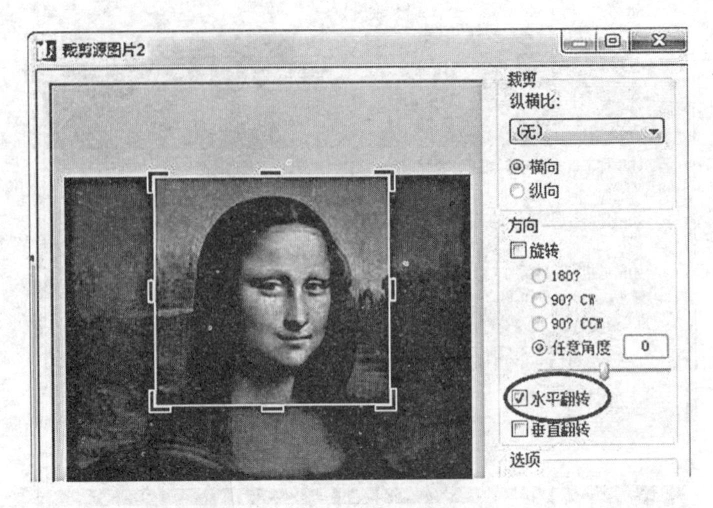


图 2-2-4　添加关键点

(5)其他选择都采用默认值，向导结束后程序界面将如图 2-2-5 所示，左上方和右上方图片分别是向左看和向右看的蒙娜丽莎，而下方预览窗口中则显示出一个诡异的头像。在预览窗口播放动画，发现变形情况不够理想。

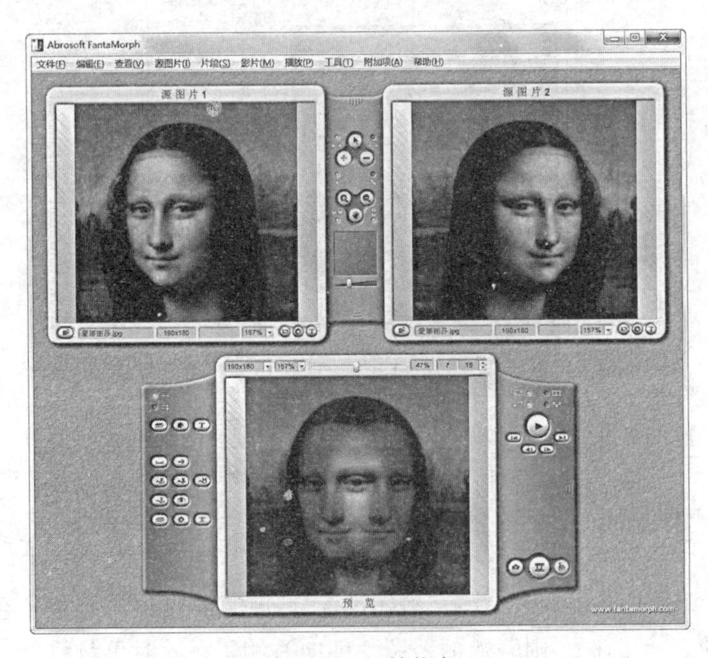


图 2-2-5　初始状态

(6)点击左上方图片，给五官添加上关键点，并在右上方图片中移动对应的关键点，如图 2-2-6 所示。此时预览窗口的中间帧里，五官将变得较为正常。

图 2-2-6 校正五官

(7)在前一步骤中，头发存在较严重的问题。沿着头发外围添加一些子关键点，如图 2-2-7 所示，调整右侧图片中的关键点到对应位置。位置一定要对应好，比如说左侧图片头发中分线上的点，在右侧图片中也应该位于中分线上；左侧图片中眼睛以上的点，在右侧图片中也应该出现在眼睛以上。如果出右侧看不到对应的关键点，按照前一例题的步骤把视图缩小即可。

图 2-2-7 校正头发

(8)额头看上去还是有些不正常，再沿着额头添加一圈关键点如图 2-2-8 所示，此时人脸变化的动画就基本已经完成了。在预览窗口中点击“播放”按钮观看效果。

(9)众所周知，蒙娜丽莎是一幅名画，那么在这里给它加上画框。在预览窗口左侧点击“影片效果按钮”，或者选取“影片”→“效果”菜单，打开“影片特效”对话框如图 2-2-9 所示。在这里可以设置动画的前景、背景、光

图 2-2-8　校正额头

效、声效和透明度等。点击“前景”后的“浏览”按钮[...]，如图 2-2-10 所示在“选择前景”对话框中选择一个画框图片作为前景，之后可以看到预览窗口中的图片变成如图 2-2-11 所示的模样，画框已经被添加上去了。

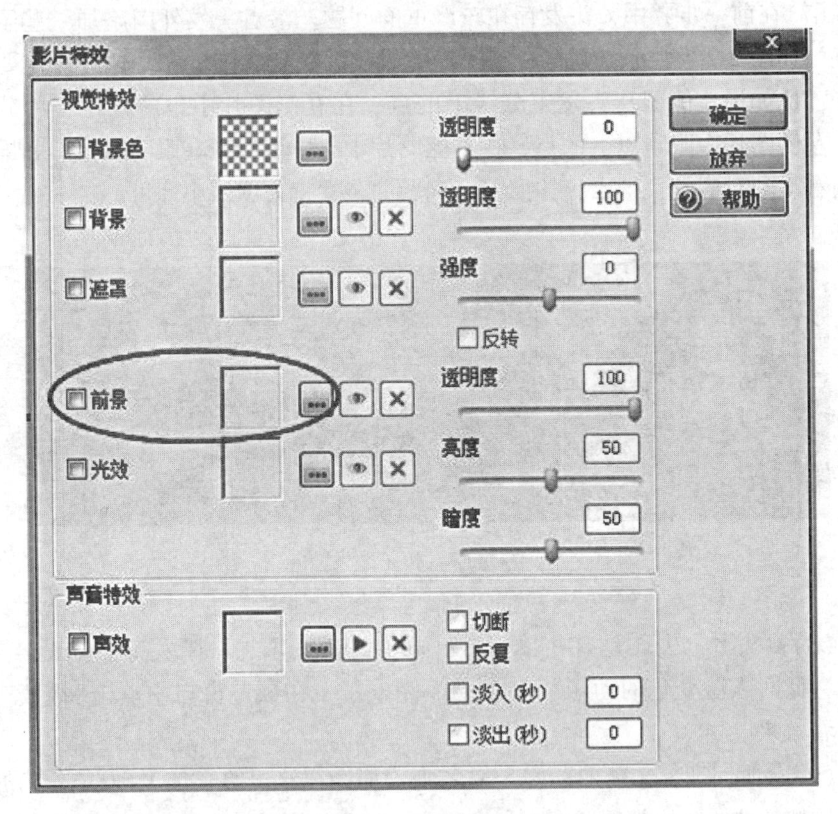


图 2-2-9　影片特效

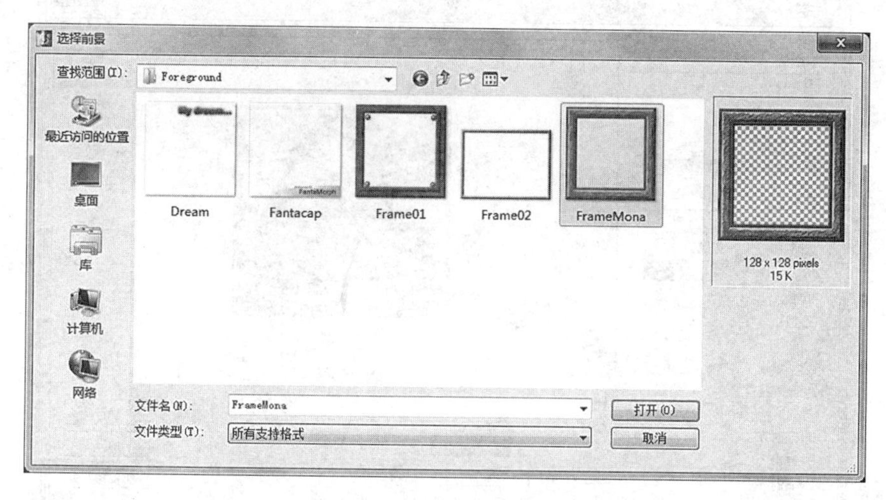


图 2-2-10　选择前景

图 2-2-11　加上画框前景

说明：前景图片其实就是一部分透明的 PNG 图片

(10)假设需要在动画上添加文字，则在预览窗口左侧点击“影片字幕”按钮，或者选取“影片”→“字幕”菜单，打开“影片字幕”对话框如图 2-2-12 所示。在其中输入文字“摇头的蒙娜丽莎”，设置自己喜欢的字体字号和颜色，并将文字移动至合适位置。

(11)现在再给动画添加一些喜剧元素。在预览窗口左侧点击“路径曲线”按钮，或者选取“片段”→“路径曲线”菜单，打开“路径曲线”对话框。当

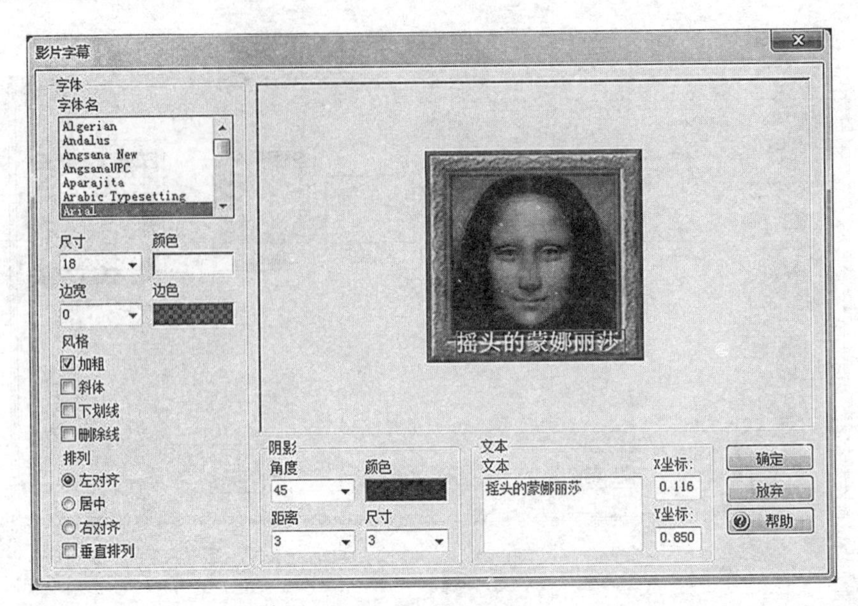


图 2-2-12　影片字幕

前的路径曲线是一条水平线，表示蒙娜丽莎将会沿水平线进行摇头，这个效果不够有趣。如图 2-2-13 所示选择一个波浪形的路径曲线，点击“确定”按钮后再在预览窗口播放，则会看到一个边摇头边点头的滑稽的蒙娜丽莎。

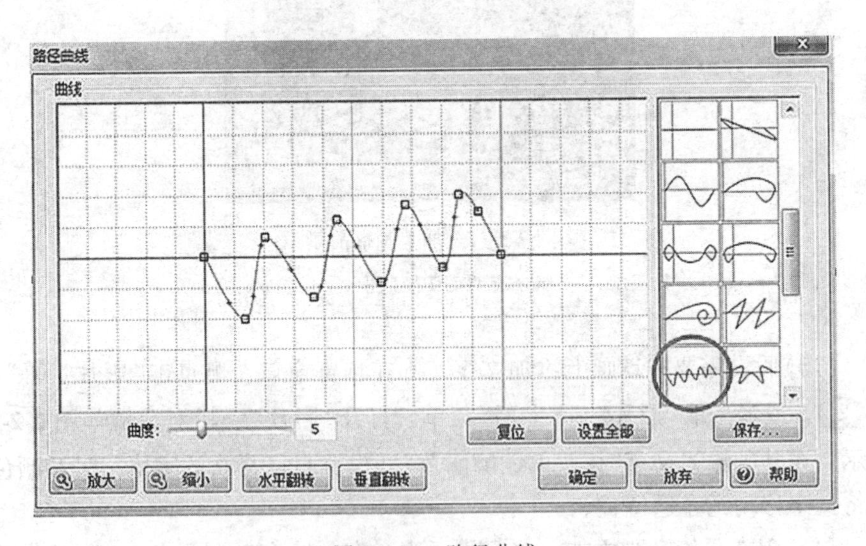


图 2-2-13　路径曲线

(12)还有“特征曲线”、“形状曲线”、“主控曲线”和“镜头”等可以进行控制，这里就不一一赘述了。动画制作完成后的大致效果将如图 2-2-14 所示。

图 2-2-14 最终效果

# 2.3 狗 头 人

## 2.3.1 实验目的

(1)了解奇幻变脸秀的基本功能，熟悉界面。

(2)实现人脸变形基本动画。

## 2.3.2 实验任务

使用所给的实验素材——“狗主人 .jpg”和“狗 . png”，合成一张如图 2-3-1 所示的动画。

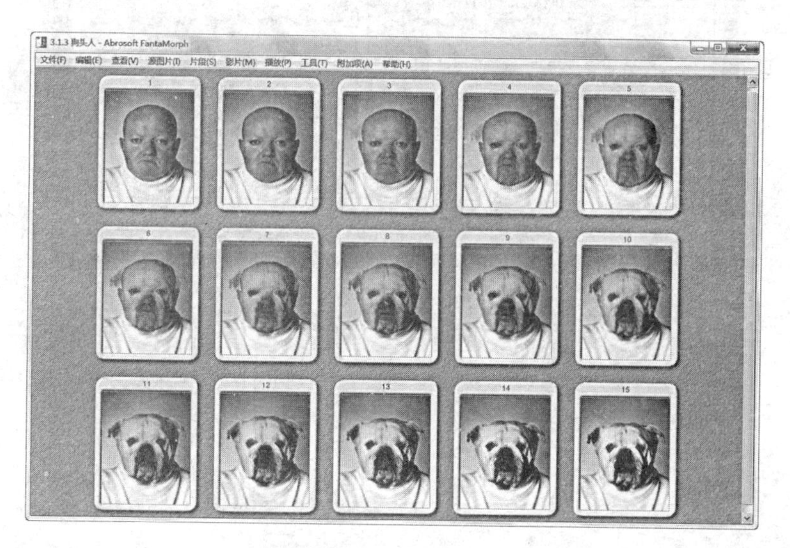


图 2-3-1 最终效果

### 2.3.3　实验设备

本次实验所使用的软件是奇幻变脸秀(英文名 Abrosoft AantaMorph)。虽然它的中文名称叫做“变脸秀”，但实际上它是一款优秀的变形动画制作工具，可以除了制作本例中的人面变兽面的动画之外，还可以制作飞鸟变游鱼、少年变老人、孙悟空七十二变等变形动画。即使只是一个普通人，也可以在几分钟内创建出这些只在电影电视中出现的专业效果。充分发挥自己的天才想象，就能用奇幻变脸秀寻找到从未有过的乐趣。

### 2.3.4　实验步骤

实验所使用的图像文件素材均存放于“FantaMorph 实验 3”文件夹中。

(1)打开 FantaMorph 软件，选取“文件”→“新建项目向导”菜单，打开【项目向导】对话框，创建新项目。本实例的项目类型依然选择“Morph”，即将使用两张源图片创建变形影片；在下一步的“导入源图片”界面中，源图片 1 选择“狗主人 . jpg”，源图片 2 选择“狗 . png”。其他选项都使用默认值，则创建好的动画如图 2-3-2 所示。由于源图片 2 中狗头以外部分都是透明，所以在预览窗口中播放动画后，出现的效果将完全不是实验任务中要求的那样(将人头换成狗头)，而是动画的最后会出现一颗孤零零的狗头。

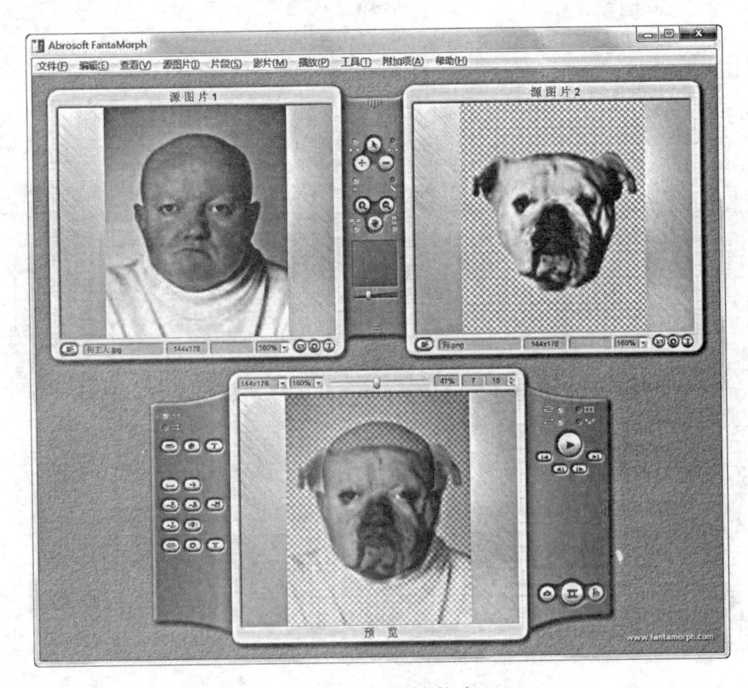


图 2-3-2　初始状态

(2)在预览窗口左侧点击“Morph 类型”按钮，或者选取“片段”→“Morph 类型”菜单，弹出 Morph 类型对话框。如图 2-3-3 所示选择“源图片 1 变形到源图片 2 且保留”，此选项的意思是动画将从源图片 1 变形到源图片 2，并且保留源图片 1 的背景图片。点击“确定“按钮后，预览窗口的中间帧将如图 2-3-4 所示，即背景不会再呈现透明状态了。

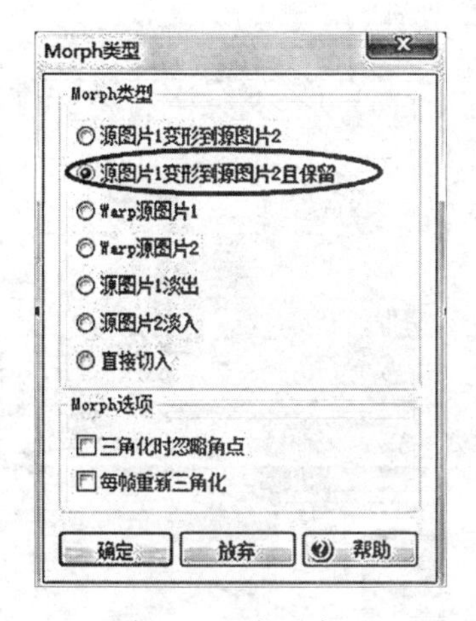


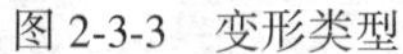
图 2-3-3 变形类型

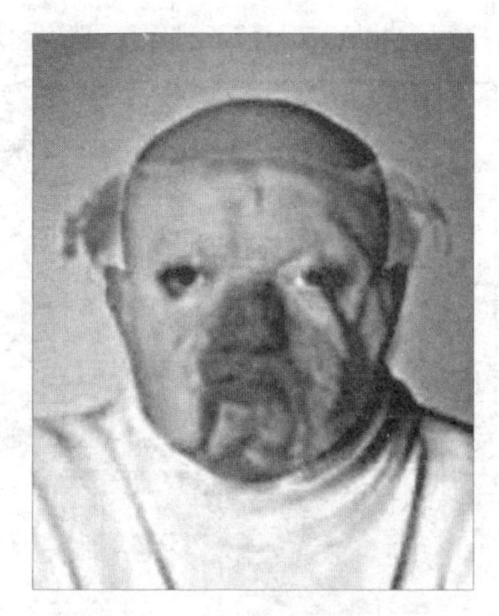
图 2-3-4 预览窗口

(3)给人的五官添加关键点，并调整右侧狗头上的对应关键点到合适的位置。由于人的脑门是圆的突起，而狗的脑门是平的，所以一定要在脑门上多添加几个关键点，如图 2-3-5 所示，这样才能让圆顶的人头顺利地过渡到平顶的狗头。

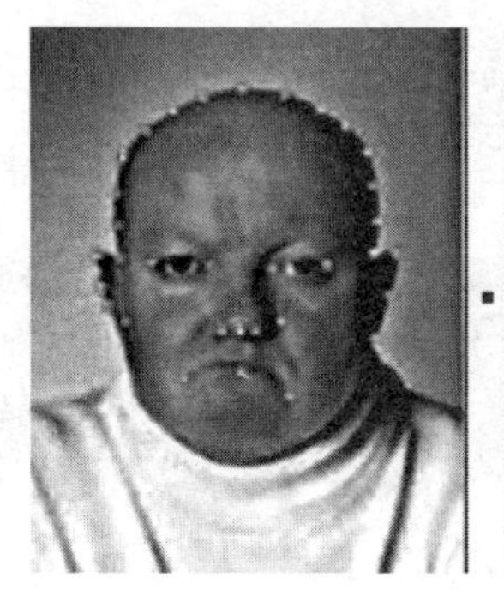 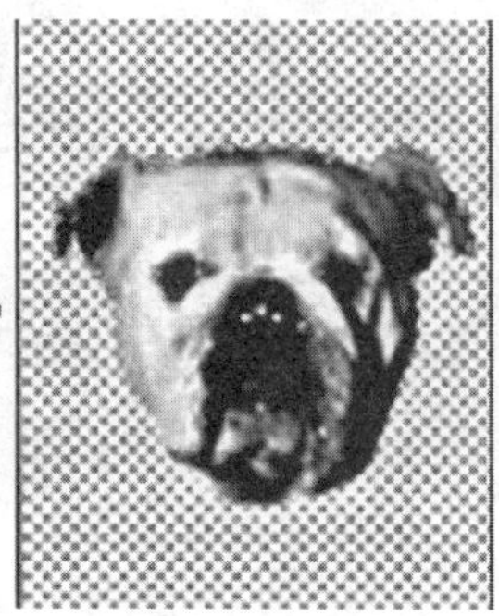 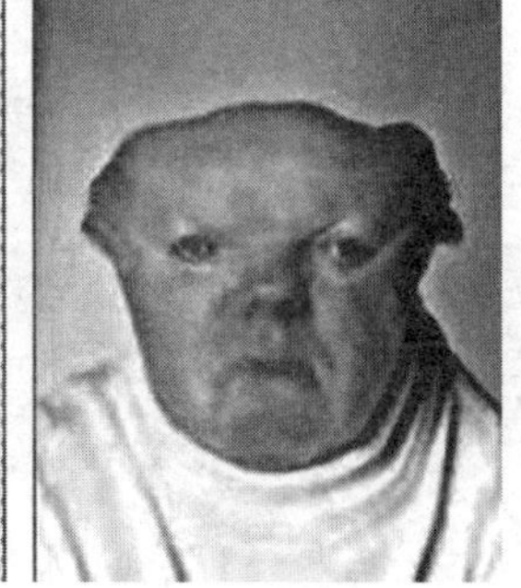

图 2-3-5 校正脑袋

(4)由于人耳小，狗耳大，并且人耳和狗耳的位置也不太一样，因此从人耳到狗耳的变形就特别困难。此处没有什么简便的办法，只能靠多加关键点来控制变形。如图 2-3-6 所示，在人耳外围添加一圈关键点，并调整狗耳外围关键点的位置。

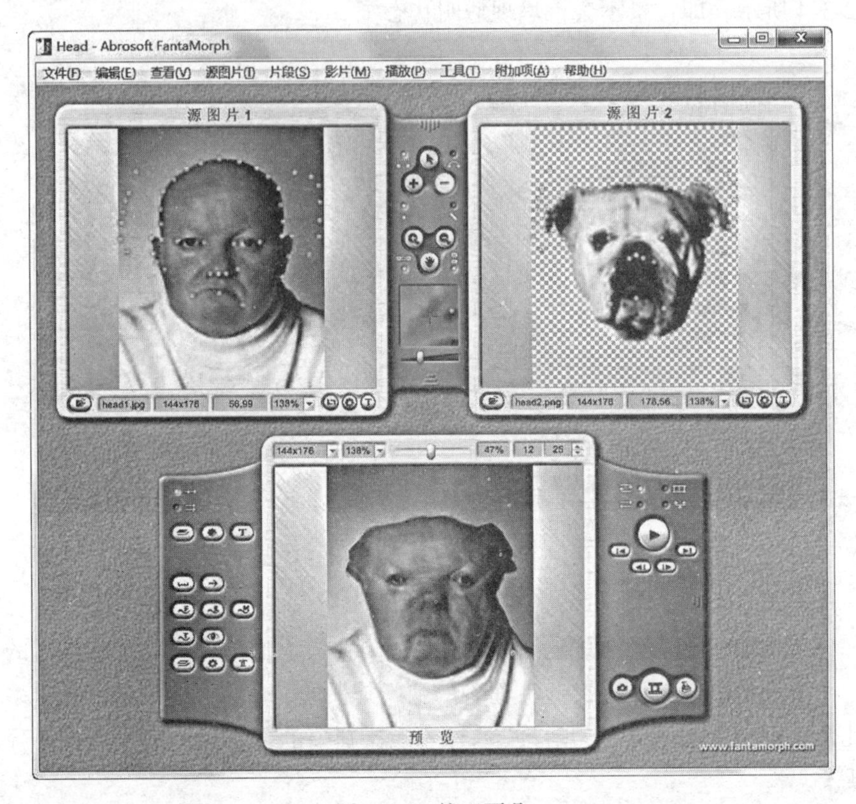


图 2-3-6　校正耳朵

(5)动画制作完成后的大致效果如图 2-3-7 所示。

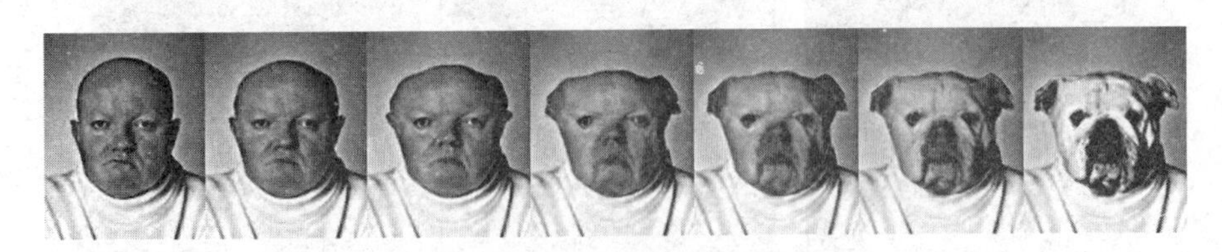

图 2-3-7　最终效果

# 2.4　摇尾巴的猫

## 2.4.1　实验目的

(1)了解奇幻变脸秀的基本功能，熟悉界面。
(2)实现人脸变形基本动画。

## 2.4.2　实验任务

使用所给的实验素材——“猫.jpg”，合成一张如图 2-4-1 所示的动画。

图 2-4-1　最终效果

## 2.4.3　实验设备

本次实验所使用的软件是奇幻变脸秀(英文名 Abrosoft AantaMorph)。虽然它的中文名称叫做“变脸秀”，但实际上它是一款优秀的变形动画制作工具，可以除了制作本例中的人面变兽面的动画之外，还可以制作飞鸟变游鱼、少年变老人、孙悟空七十二变等变形动画。即使只是一个普通人，也可以在几分钟内创建出这些只在电影电视中出现的专业效果。充分发挥自己的天才想象，就能用奇幻变脸秀寻找到从未有过的乐趣。

### 2.4.4　实验步骤

实验所使用的图像文件素材均存放于“FantaMorph 实验 4”文件夹中。

(1)打开 FantaMorph 软件，选取“文件”→“新建项目向导”菜单，打开【项目向导】对话框，创建新项目。由于本实例只是做一只猫在摇尾巴，所以不需要 2 张图片了，因而项目类型选择“Warp”，即使用一张源图片创建扭曲动画，如图 2-4-2 所示。

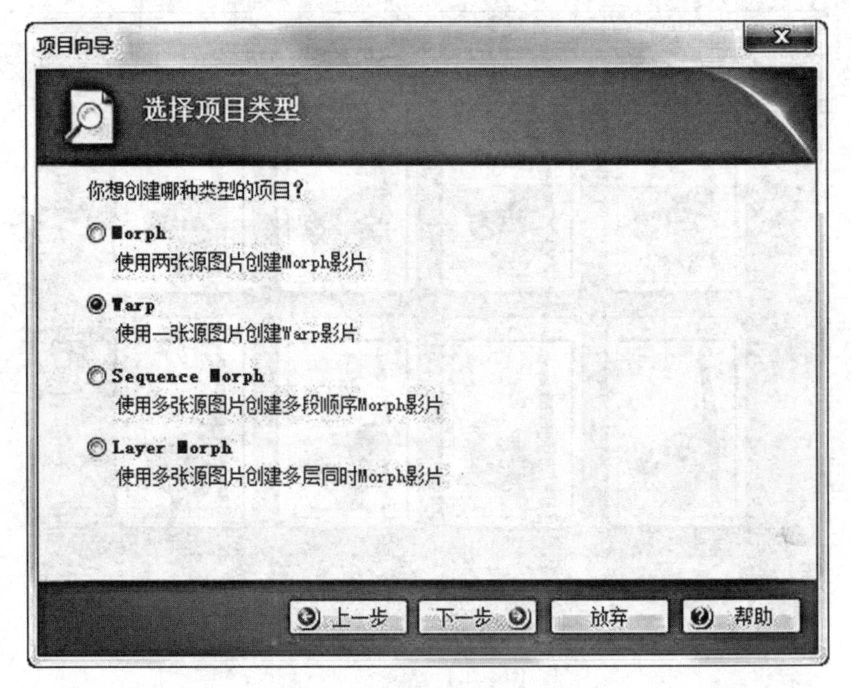


图 2-4-2　Warp 项目类型

(2)在下一步的“导入源图片”界面中，源图片选择“猫.jpg”。其他选择都使用默认值。创建好的项目如图 2-4-3 所示，此时预览的话，显然不会有任何动画，毕竟左右两边的显示图片是同一张。

图 2-4-3 初始状态

(3)围绕猫的尾巴添加一圈关键点，并在右上方窗口中调整关键点的位置，使这些关键点偏离原本的位置，如图 2-4-4 所示。

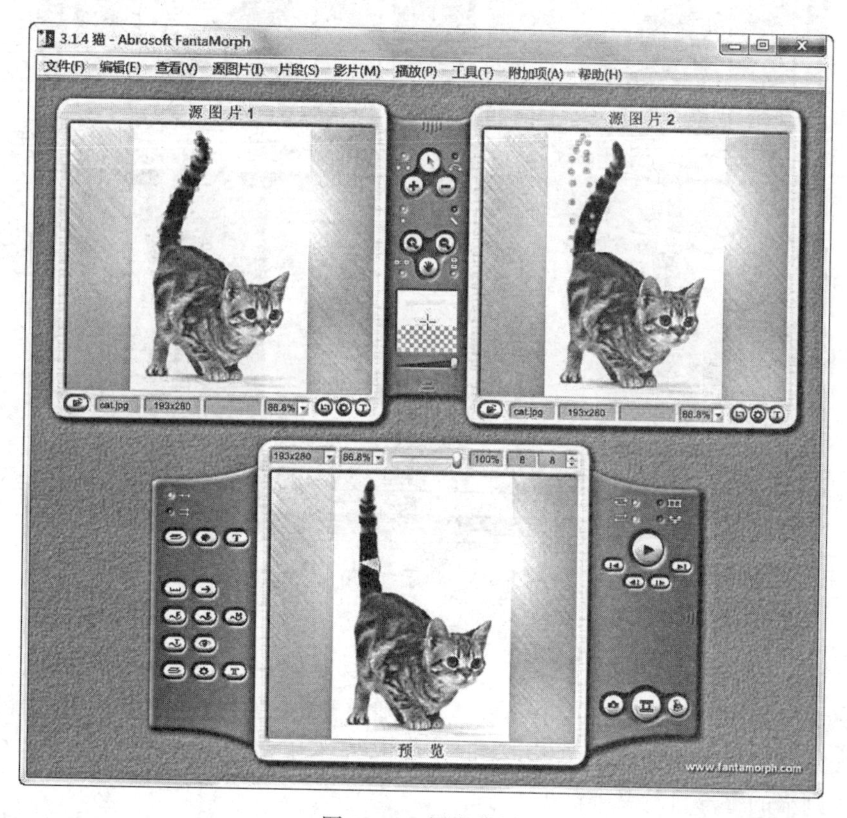


图 2-4-4 调整猫尾

(4)由于猫尾上的点比较多，调整位置的时候如果不小心，容易出现如上图所示的问题，即在某些时刻感觉猫尾似乎“破裂”了一样，这是由于颠倒了某些关键点的上下关系。不过这些点看上去都是差不多的，不容易发现是哪些点出了问题。勾选“查看”→“三角形”菜单，则窗口中将以关键点为结点分割为若干个三角形。拖动预览窗口的播放进度，仔细观察动画过程中三角形的变化，就可以找出出现问题的那些关键点了，然后再重新调整它们的位置。调整无误后，取消三角形的显示，如图 2-4-5 所示。

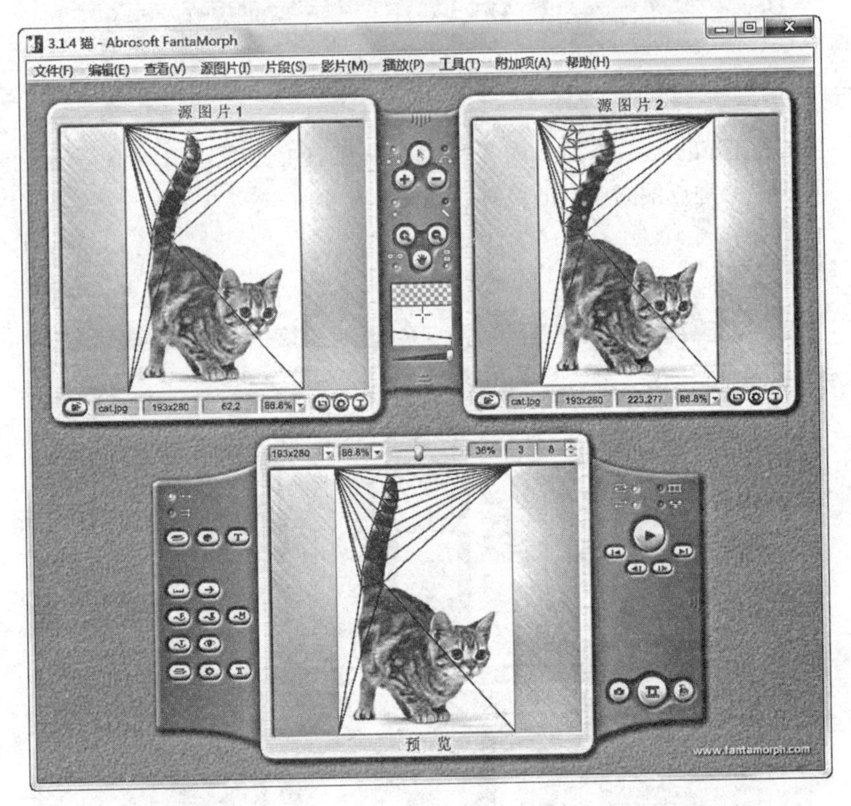


图 2-4-5　显示“三角形”

(5)再次在预览窗口中播放，仔细观察动画效果，感觉猫在摇尾巴的时候，屁股也在一起晃动，这个效果就有点让人喷饭了。解决的方法也很容易，即在猫的臀部上添加几个关键点用于“固定”(不用移动位置)，如图 2-4-6 所示，则猫的臀部自然就安如磐石了。

图 2-4-6 固定臀部

(6)动画制作完成后的大致效果如图 2-4-7 所示。

图 2-4-7 最终效果

## 2.5 岁月如刀

### 2.5.1 实验目的

(1)了解奇幻变脸秀的基本功能，熟悉界面。
(2)实现人脸变形基本动画。
(3)学会“人脸标定器”的用法。

## 2.5.2　实验任务

使用所给的实验素材——“小孩 .jpg”、“比尔 · 盖茨 .jpg”和“狗主人 . jpg”，合成一张如图 2-5-1 所示的动画。

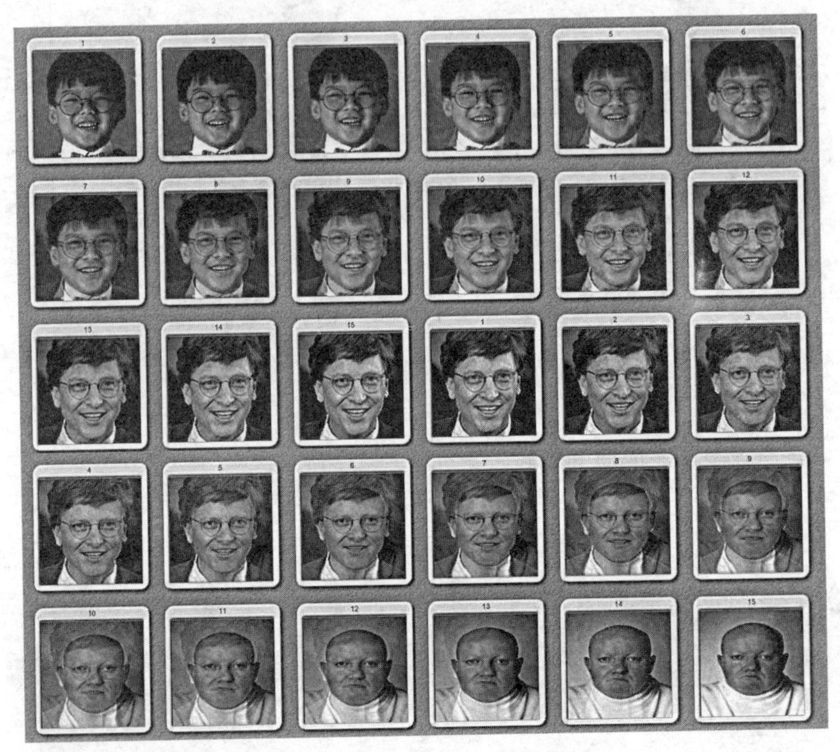

图 2-5-1　最终效果

## 2.5.3　实验设备

本次实验所使用的软件是奇幻变脸秀(英文名 Abrosoft AantaMorph)。虽然它的中文名称是“变脸秀”，但实际上它是一款优秀的变形动画制作工具，可以除了制作本例中的人面变兽面的动画之外，还可以制作飞鸟变游鱼、少年变老人、孙悟空七十二变等变形动画。即使只是一个普通人，也可以在几分钟内创建出这些只在电影电视中出现的专业效果。充分发挥自己的天才想象，就能用奇幻变脸秀寻找到从未有过的乐趣。

## 2.5.4 实验步骤

实验所使用的图像文件素材均存放于“FantaMorph 实验 5”文件夹中。

(1)打开 FantaMorph 软件，选取“文件”→“新建项目向导”菜单，打开【项目向导】对话框，创建新项目。由于本实例需要多张图片，因而项目类型选择“Sequence Morph”，即使用多张源图片创建多段顺序变形动画，如图 2-5-2 所示。

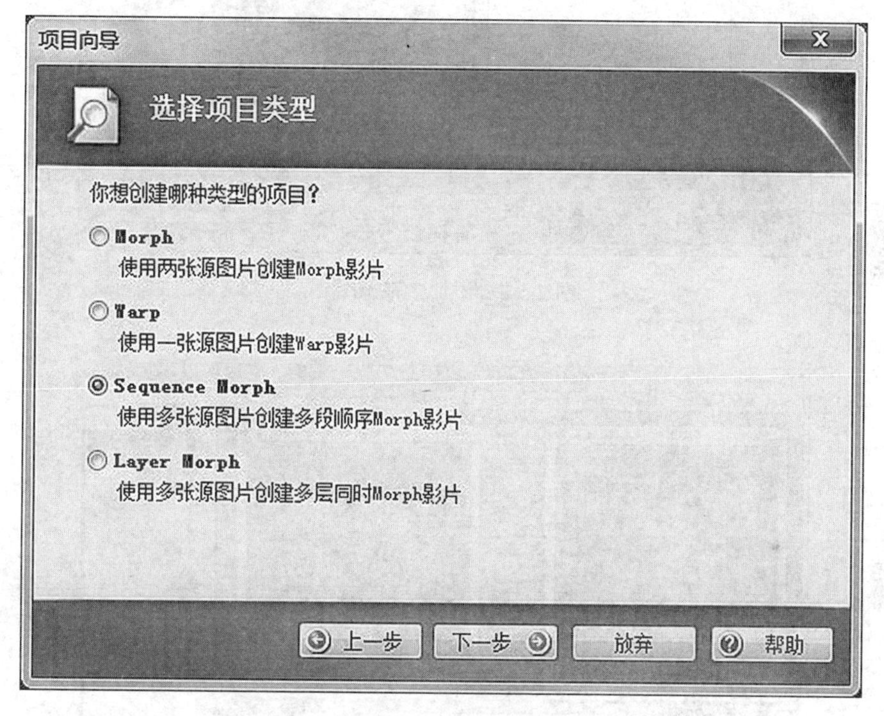


图 2-5-2　项目类型

(2) 在下一步的“导入源图片”界面中，源图片序列中依次添加“小孩 . jpg”、“比尔 · 盖茨 . jpg”和“狗主人 . jpg”，如图 2-5-3 所示。

(3)其他选择都使用默认值。创建好的项目如图 2-5-4 所示，在右侧会多出来一个两行的故事板。故事板的第一行，是小孩长大变成比尔 · 盖茨的变形动画；故事板的第二行，是比尔 · 盖茨变老成为那个秃头狗主人模样的变形动画。也就是说，当前的影片分成了这么两个“片段”(每个片段的类型、特效、字幕等都可以参照前面几个实例案例单独进行设置)。

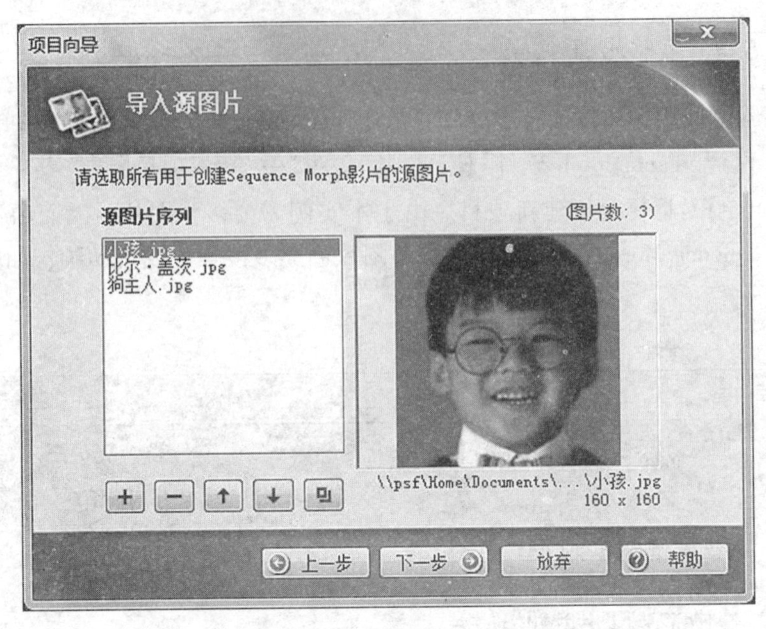


图 2-5-3　添加多张源图片

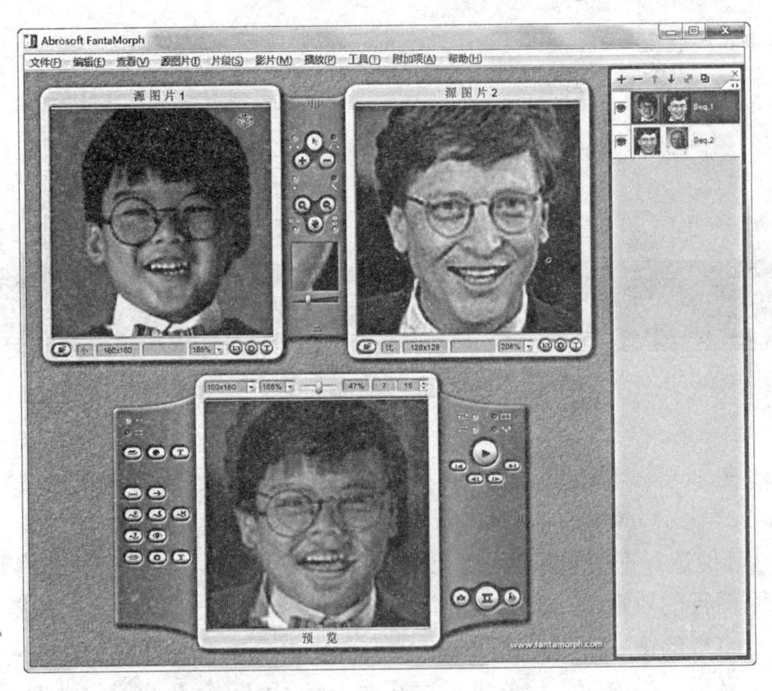


图 2-5-4　故事板

(4)由于人脸比较多，再用前面几个例子的方法来一个个添加关键点就比较浪费时间了，好在奇幻变脸秀提供了一个变脸的简易解决方案。选取“附加项”→“人脸标定器”菜单，打开“人脸标定器”对话框，如图2-5-5所示。在此界面中，提供了人脸的基本适配模型，只要在此基础上修正，即可以快速得到五官的关键点。

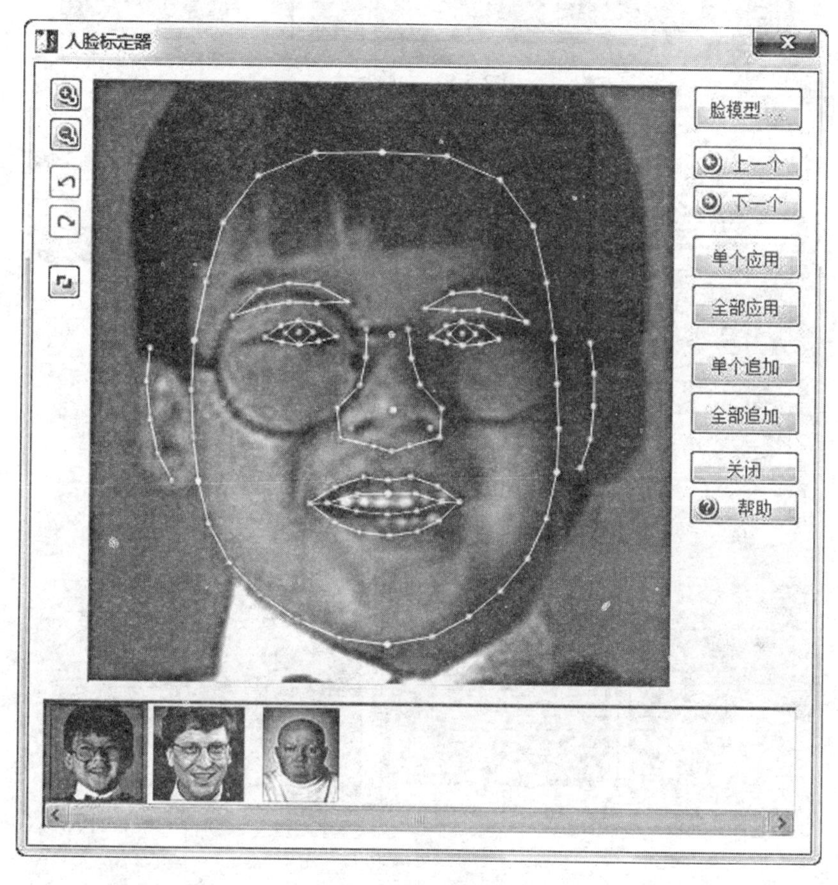


图2-5-5　人脸标定器

(5)分别调整小孩、比尔·盖茨和狗主人的五官关键点如图2-5-6所示，确保这些关键点串出现在正确的位置。

(6)点击“全部应用”按钮，则在故事板中的两行中的人脸，全都添加上了对应的关键点串，如图2-5-7所示。

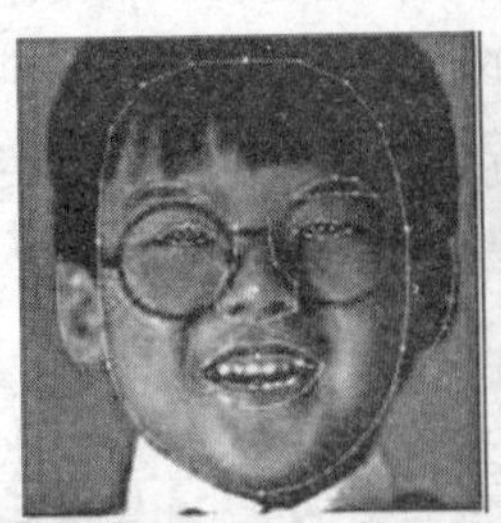  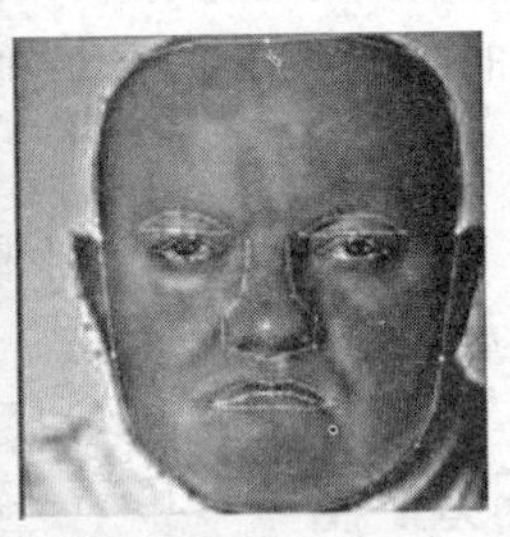

图 2-5-6　人脸标定

图 2-5-7　关键点串套用

(7)在小孩的头发外围添加一圈关键点，并调整比尔·盖茨头发上对应位置的关键点，如图 2-5-8 所示。这样当小孩“长大”时，头发会自动变成比尔·盖茨的发型。

(8)在预览窗口中播放动画，可以分别观看故事板中第一行和第二行这两个“片段”的动画。如果想要预览完整的动画，则需在预览窗口的右侧选中“自动全播”按钮即可，如图 2-5-9 所示。

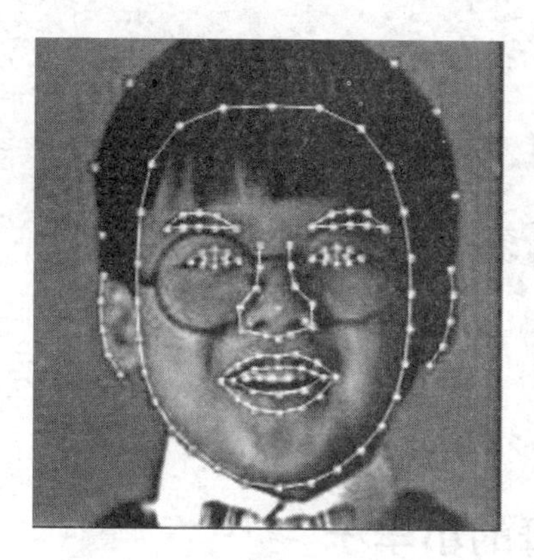

图 2-5-8　限制头发

图 2-5-9　自动全播

（9）动画制作完成后的大致效果如图 2-5-10 所示。

图 2-5-10　最终效果

# 第3章　CrazyTalk Animator 部分

## 3.1　跳舞的小李子

### 3.1.1　实验目的

(1)了解 CrazyTalk Animator 的基本功能，熟悉界面。

(2)完成从照片生成人脸的基本操作，完成给角色换身体的基本操作。

(3)学会制作人偶走、跑或跳舞等的动画。

### 3.1.2　实验任务

将所给的实验素材——“莱昂纳多 . jpg”，以及图片“45 度 . png”、“90 度 . png”、“135 度 . png”、“180 度 . png”、“225 度 . png”、“270 度 . png”和“315 度 . png”，合成一张如图 3-1-1 所示的动画。

图 3-1-1　最终效果

## 3.1.3 实验设备

本次实验所使用的软件是甲尚公司的 CrazyTalk Animator。以往 2D 动画都是由专业美术设计团队花费许多心力时间制作，动画师需具备充足的技能画稿，进行关键格动画编辑、动作逻辑设计等。而 CrazyTalk Animator 则以创新的角色建制与操偶控制技术彻底改变了 2D 动画制作模式，提供联结式的角色骨架范本，能快速进行脸部及全身辨识定位；提供完整的动作范本，可帮助用户立即套用至角色产生专业的动画动作。使用 CrazyTalk Animator，每个普通人都能发挥创意，体验快速、有趣又精彩的动画创作。

## 3.1.4 实验步骤

实验所使用的图像文件素材均存放于“CrazyTalk Animator 实验 1”文件夹中。

(1)打开 CrazyTalk Animator 软件，其界面如图 3-1-2 所示。

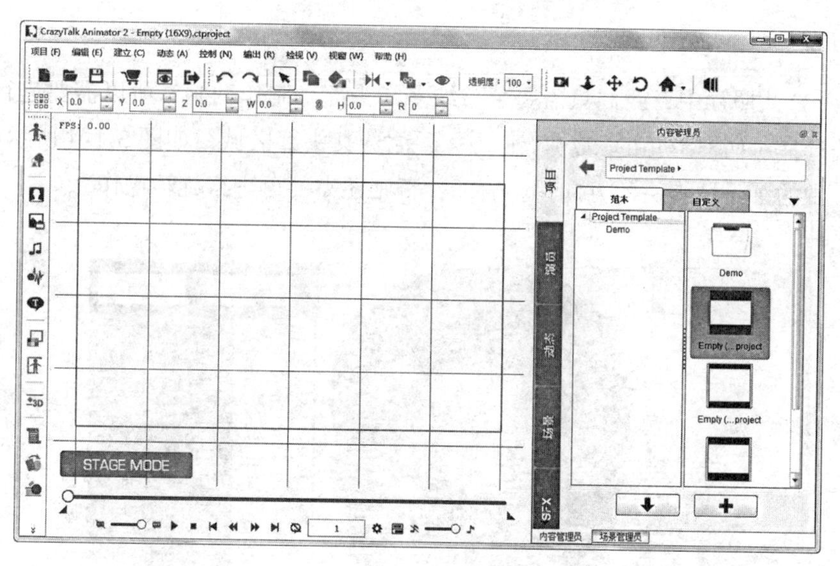


图 3-1-2 CrazyTalk 软件界面

软件界面右侧有“内容管理员”面板，在“项目”中列出了常见的几种不同屏幕宽高比的项目模板。当前主流的显示器是 16 : 9 的宽屏，所以这里选择 16×9 的项目模板。

(2)在左侧工具箱中点击“创建脸部”按钮，在弹出的“开启档案”对话框中选择“莱昂纳多 . jpg”照片，则此照片出来在“图像处理”对话框中，如图 3-1-3 所示。

图 3-1-3　图像处理对话框

(3)此照片中，我们只需要莱昂纳多的头部来制作动画，所以需要进行裁剪。选择对话框上角的“裁剪”工具，圈选其头部区域，如图 3-1-4 所示(此照片中的莱昂纳多头的方向是正直的，否则还需要再进行旋转操作)。

图 3-1-4　裁剪

(4) 点击“下一步”进行裁剪，然后进入到“自动脸部识别”界面。将控制点1~4分别参照右上角示意图的位置，移至莱昂纳多的左右眼角和左右嘴角，如图3-1-5所示。

图3-1-5　自动脸部识别

说明：对于白人和黄种人，自动识别的一般比较准确；但如果是黑人，自动匹配的控制点位置则可能会比较偏。

(5)点击“下一步”进入脸部辨别编辑器，在五官和面部边缘会出现几组关键点，这些控制点的位置可能会有偏差。参照右上角的示例，拖曳、旋转以及缩放脸部控制点的位置如图3-1-6所示。

图3-1-6　脸部辨别编辑器

说明：外圈控制点应该包括头部本体的区域，而不必包含长头发、头饰之类的区域。

(6) 点击对话框顶部按钮，进入进阶网纹编辑模式，控制点数目增加了许多。调整控制点位置如图 3-1-7 所示，并注意让最外圈的控制点把耳朵和头发全包含进去。

图 3-1-7　进阶网纹编辑模式

(7) 点击“下一步”进入侧面轮廓类型界面。照片本身是平面的、没有起伏，所以需要在此步骤中将其变得“立体”。如图 3-1-8 所示，莱昂纳多的头部

图 3-1-8　侧面轮廓类型

是垂直方向的，而且正面朝向屏幕，所以无需在对话框中部调整头部方向。

对话框右下方可以选择侧面轮廓类型。普通人类一般是选择，但这里为了突出幽默效果，特意选择了西方人大鼻子的轮廓。然后点击右下角“预览”按钮，移动鼠标可以明显观察到莱昂纳多的鼻梁是“高耸”的。

(8)点击“OK”按钮，面部编辑结束，程序将自动进入设计者模式(也即全身编辑模式)，如图3-1-9所示。现在的莱昂纳多没有一个实体的身子(只有一个虚拟的骨骼架子)，而且脑袋后面还有一个大灰框，十分难看。

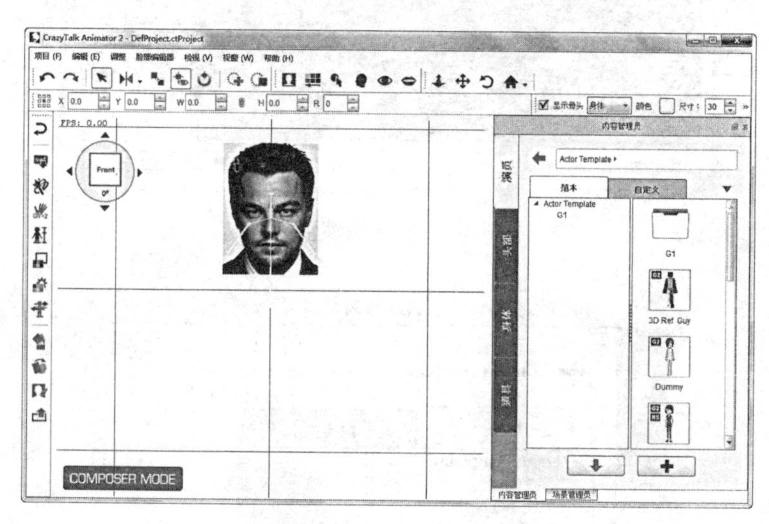


图3-1-9 设计者模式

(9)选中头部方块，在左外角点击按钮进入“屏蔽编辑器”。在此界面中我们将用把无用的背景、衣领和脖子等区域涂抹掉，如图3-1-10所示。涂抹掉的区域将会在未来变得透明。

说明：屏蔽编辑器默认是自动模式，即类似Photoshop中“快速选择”工具的那种方式选中并填充或抹去蓝色。如果自动模式的效果不够理想，还可点击左下角按钮切换到“手动模式”，然后使用右下角的“演员笔刷”工具或“橡皮擦”工具涂抹。

(10)莱昂纳多照片中的眼睛是静态的，而动画中经常会出现眼球转动的动作，所以还需要给他安装上一双假眼。在右侧“内容管理员”中选择“头部”→“Morph Eye”→“Human”，这里列出了许多人眼。如图3-1-11所示，挑选一个看上去最合适的，双击应用。

图 3-1-10　屏蔽编辑器

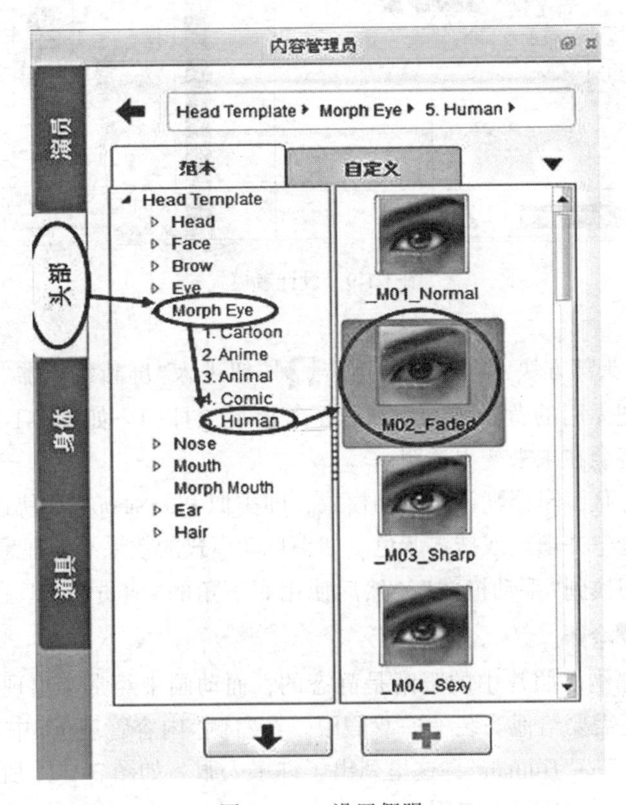


图 3-1-11　设置假眼

(11)照片中莱昂纳多是闭着嘴的，牙齿显示是“不存在”的，因而也需要给他配一口假牙。在右侧“内容管理员”中选择“头部”→“Morph Mouth”，这里列出了许多牙齿。如图3-1-12所示，为了搞笑效果，挑选了一个暴牙，双击应用。

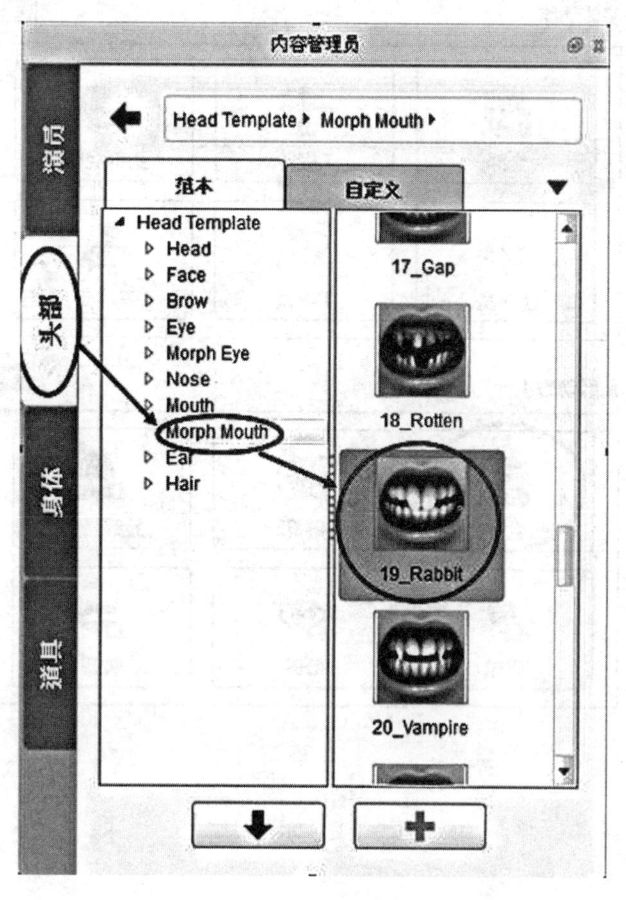


图3-1-12　设置假牙

(12)现在的莱昂纳多脑袋看上去仿佛是没有什么问题了。在左侧工具箱中点击按钮，则弹出“示范播放”面板如图3-1-13所示。点击“脸部动态”下的“全部”按钮，则莱昂纳多的脑袋将会做摇头、点头、说话、挤眉弄眼等多种动作。

观察这些动作是否正常合理。如果还有不妥当的地方，点击顶部工具栏的

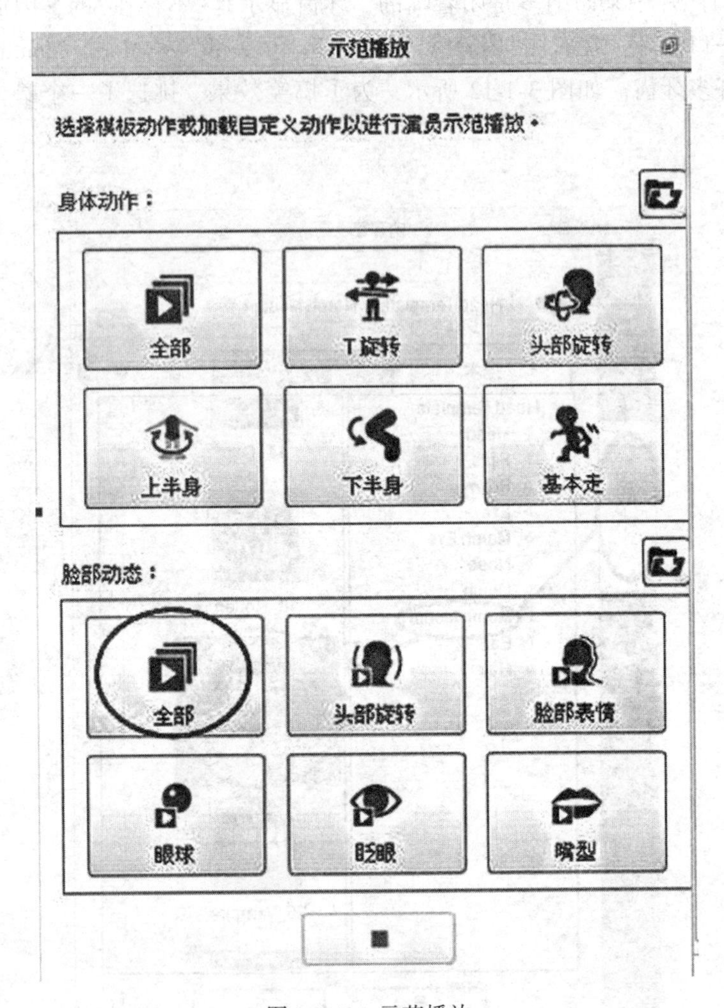


图 3-1-13　示范播放

“脸部辨识编辑器”按钮或“侧面轮廓类型”按钮，重新进行调整。观查完毕之后，请关闭示范播放面板。

(13)在右侧“内容管理员”中，进入“身体”。假定莱昂纳多喜欢穿西装，那么给他挑选一个西装革履的身体，如图 3-1-14 所示，在“Body_ 01”上双击替换上新身体。

此时的莱昂纳多脑袋偏下，几乎下降到胸口了。双击选中头部，将其向上移至脖子上方的正确位置。

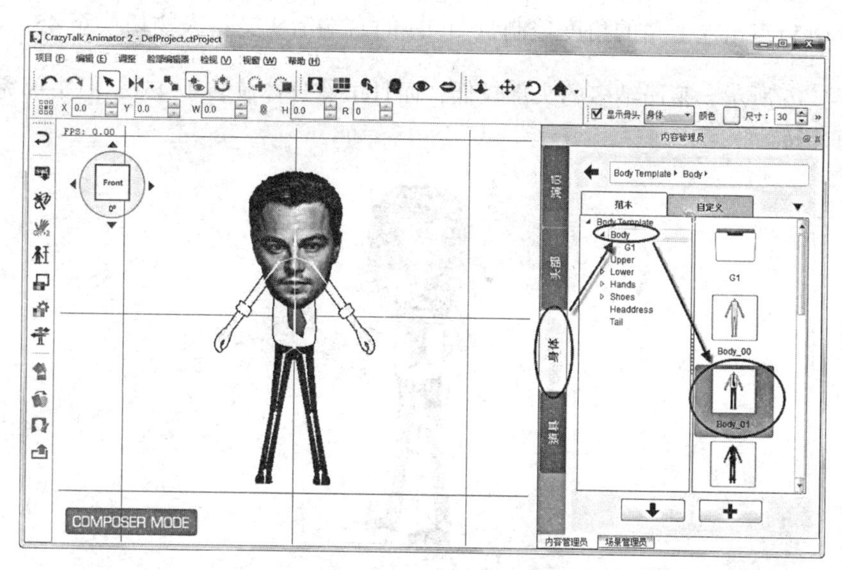


图 3-1-14　设置身体

(14)选择“调整”→“身体播放示范”→“T　Rotation”菜单，则莱昂纳多会在舞台上进行旋转演示，如图 3-1-15 所示。我们会发现，虽然身体在原地旋转，但头部始终是面向观众的，而且头部的高度也往往不太正常，给人的感觉十分别扭。

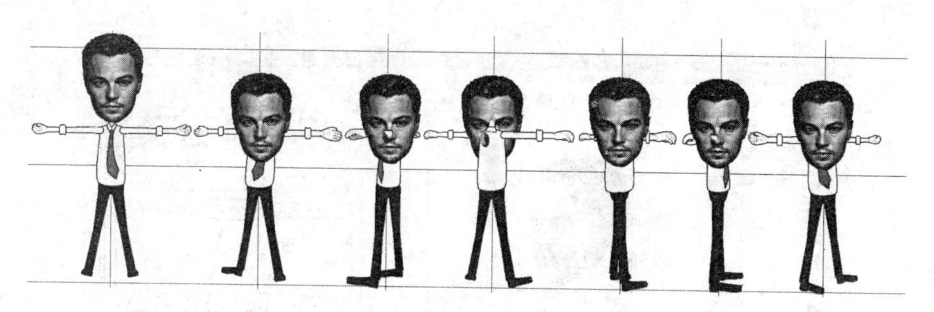

图 3-1-15　T 形旋转

说明：CrazyTalk Animator 可以制作 2D 动画和伪 3D 动画。刚才的 T 形旋转就是一个伪 3D 动画。但如果仅仅是想制作纯 2D 动画，演员莱昂纳多的创建则可以算是完成了。

(15)点击左上角的角度控制盘的右端箭头，将人物切换至 45°。如图 3-1-16 所示，莱昂纳多的头部较低，而且虽然身体旋转了 45°，但头部完全没有旋转。

图 3-1-16　45°姿势

(16)选中莱昂纳多的脑袋，在左侧工具箱中点击“验证多角度设定”按钮，则右侧出现对应的设置面板。在该面板中切换至“Sprite”栏，在此处可以给演员的不同角度设置不同的“头”。将“子节点角度”选择为 45°，如图 3-1-17所示，在面板底部点击“取代”按钮，选择“45 度 . png”图片，则莱昂纳多在该角度的就“换头”了。

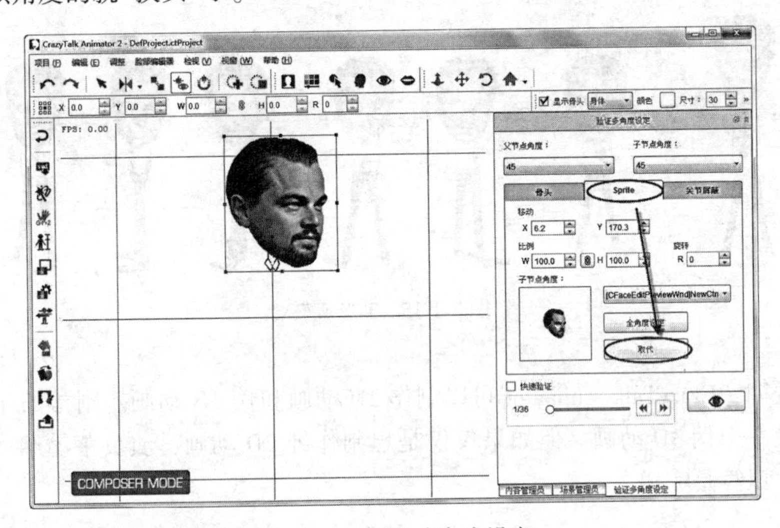


图 3-1-17　验证多角度设定

将换后的头向上提一小段距离，使之位于脖子上的正确位置。如果嫌头部的尺寸不合适，也可以在这里进行缩放。

(17)使用类似的办法给 90°、135°、180°、225°、270°和 315°的莱昂纳多换上对应的头部图片。所有角度的头部图片如图 3-1-18 所示。

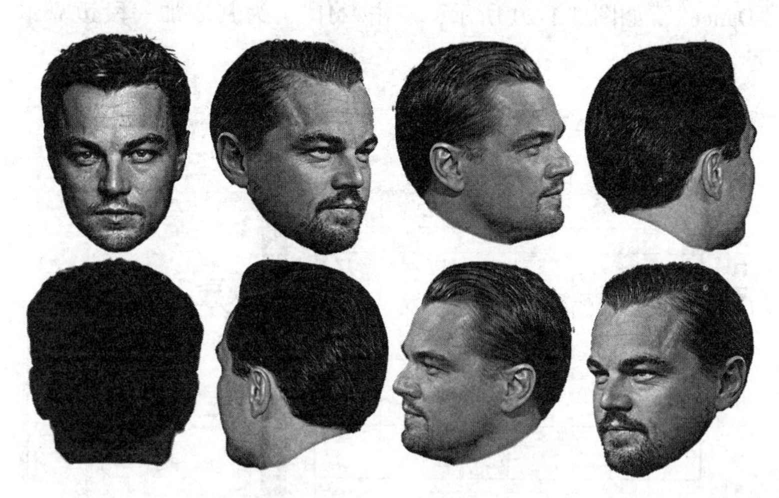

图 3-1-18　各角度头部图片

你也可以试着在角度控制盘进行上、下方向角度的切换，根据具体情况进行调整。

(18) 关闭“验证多角度设定”面板，重新选择“身体示范”菜单中的“T 形旋转”，则现在各角度的人物姿势总算是看上去正常了，如图 3-1-19 所示。

图 3-1-19　正确的多角度姿势

(19)至此演员莱昂纳多就完全设置好了。在工具箱中点击“回到舞台”按钮，离开演员模型的编辑界面，进入舞台模式，然后就可以让莱昂纳多做出各种表演了。

(20)选中舞台中间的莱昂纳多，在右侧“内容管理员”中找到“动态”下的“Motion”。这里有许多预先设定好的人物动作。比如我们希望莱昂纳多跳舞，则打开“Dance”，如图 3-1-20 所示，双击“MJ”，为其增加一段迈克尔 · 杰克逊的舞姿。

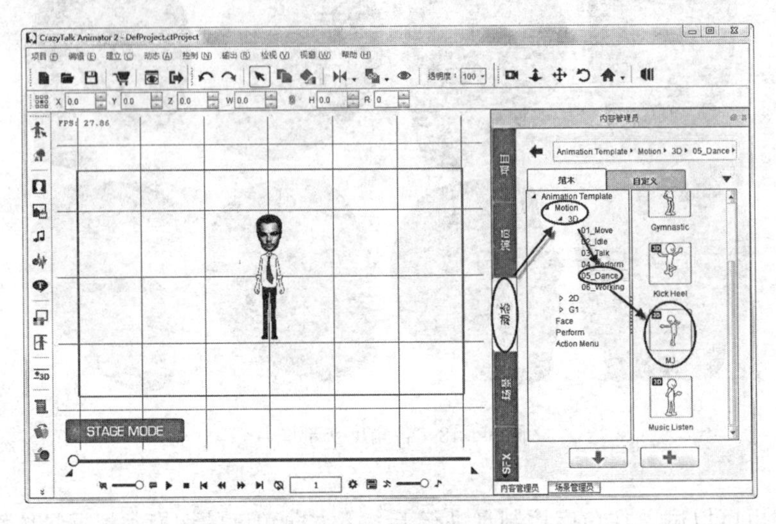


图 3-1-20　添加舞蹈动作

(21) 每次双击“范本”中的预设动作，都将添加一段跳舞或是移动、工作等的动作，而底部的时间线也将随之向后移动。如果比如刚才添加的 MJ 舞台动作大致如图 3-1-21 所示。如果再将双击其他的动作，新动作将承接前一个动作，在之后的时刻发生。当然，也可以人为拖动播放头再添加动作，使得相应动作在指定的时刻才添加上。

图 3-1-21　舞台模式

(22) 修改动作相对会麻烦一些。选中演员之后，在底部点击“显示时间轴”按钮，则在底部出现该演员的时间轴，再在右侧按下对应“3D 动作”按钮(如果之前添加的是 2D 动画，则应按下“2D 动作”按钮)，如图 3-1-22 所示，则对应的“Dance_ MJ”就出现了，然后就可以轻易的调整它的时间、速度甚至直接删除它了。

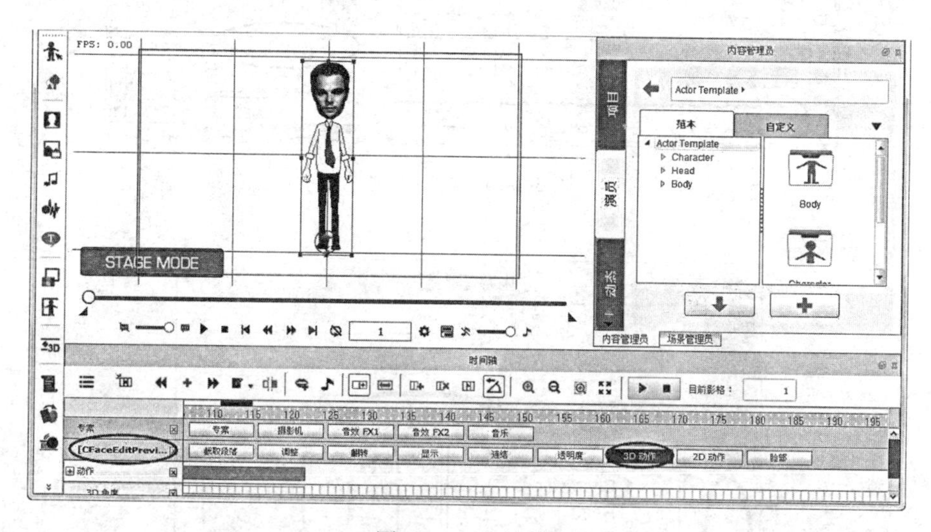


图 3-1-22　时间轴

(23) 选择“输出”→“输出影片”菜单，如图 3-1-23 所示，先在时间轴的上调整和，设置动画的起止范围，然后在右侧“Render Setting”面板中选择影片格式和画面尺寸。设置完成后，点击底部的“输出影片”按钮即可以将制作好的动画导出为相应的视频文件了。

(24) 好不容易做出了一个“莱昂纳多”演员，我们当然希望以后在其他项目中也能反复套用，而不至于每次都从头再一步步重新制作。在舞台里选中“莱昂纳多”，在右侧的“内容管理员”面板中找到“演员”，切换到“自定义”面板，找到“Character”，在底部点击“新增”按钮，将它添加为一个演员角色，并命名为“小李子”，如图 3-1-24 所示。这样，只要以后找到这个自定义的“小李子”演员，双击或拖至舞台，就可以再创建出一个一模一样的莱昂纳多了。

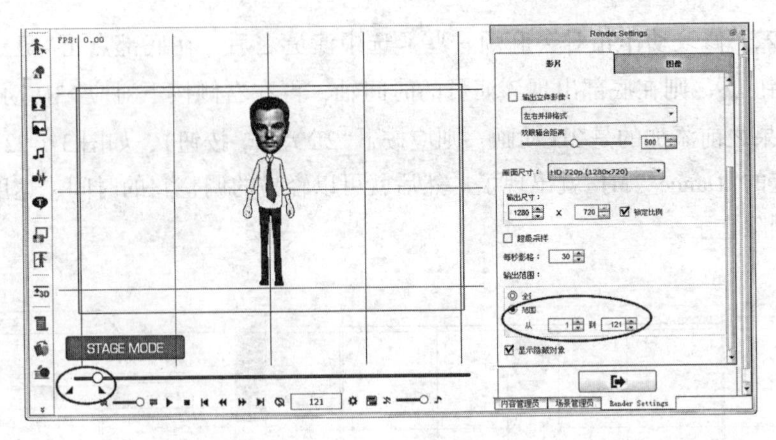


图 3-1-23 输出影片

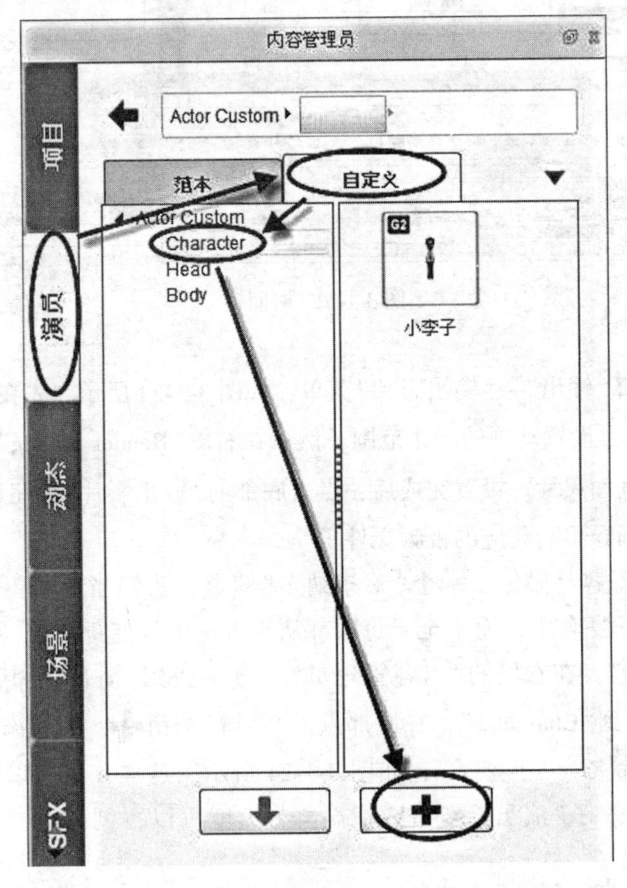


图 3-1-24 保存自定义演员

# 3.2 妩媚的劳伦斯

## 3.2.1 实验目的

(1)了解 CrazyTalk Animator 的基本功能，熟悉界面。
(2)完成从照片生成人脸的基本操作，完成给角色换脸的基本操作。
(3)实现声音和口型匹配的动画。

## 3.2.2 实验任务

将所给的实验素材——“詹妮弗·劳伦斯.png”和“老公我爱你.mp3”，合成一张如图 3-2-1 所示的带声音动画。

图 3-2-1 最终效果

### 3.2.3　实验设备

本次实验所使用的软件是甲尚公司的 CrazyTalk Animator。CrazyTalk Animator 先进的“照片转动画”技术，让任何人都能快速将照片、手绘、雕像、图画、漫画及玩偶等变身为精彩的动画角色，体验快速、有趣又精彩的动画创作。

### 3.2.4　实验步骤

实验所使用的图像文件素材均存放于“CrazyTalk Animator 实验 2”文件夹中。

(1)打开 CrazyTalk Animator 软件，在右侧“内容管理员”面板中找到“演员”，选中“范例”中“Character”下的“G2 Cheery”并双击，如图 3-2-2 所示，在舞台上创建一个演员角色。

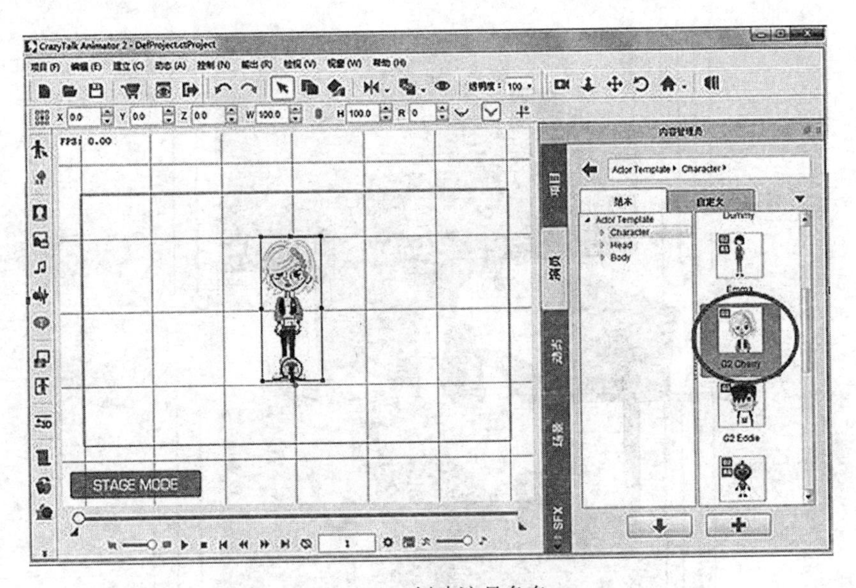


图 3-2-2　创建演员角色

(2)选中舞台中的演员，然后在左侧工具箱中点击“创建脸部”按钮，在弹出的“开启档案”对话框中选择“詹妮弗 · 劳伦斯 . png”照片，则此照片出来在“图像处理”对话框中，如图 3-2-3 所示。

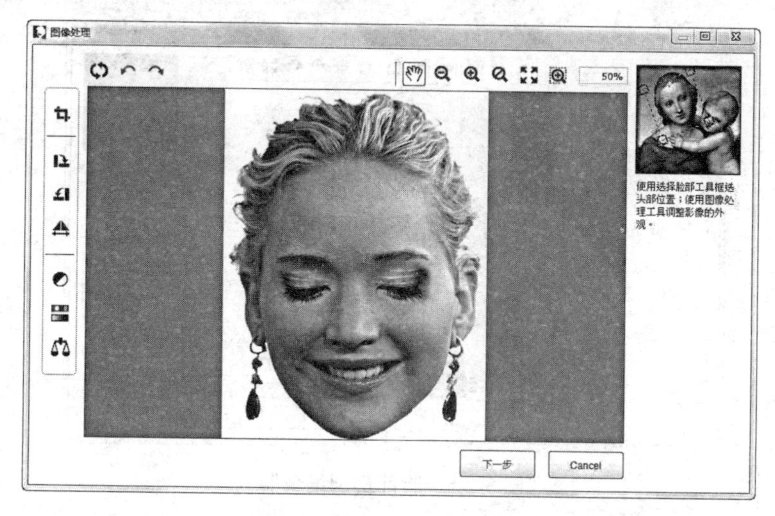


图 3-2-3　图像处理对话框

(3)照片是事先使用 Photoshop 编辑过的，因此不需要再进行裁剪和旋转。直接“下一步”，进入到“自动脸部识别”界面。调整控制点，如图 3-2-4 所示。

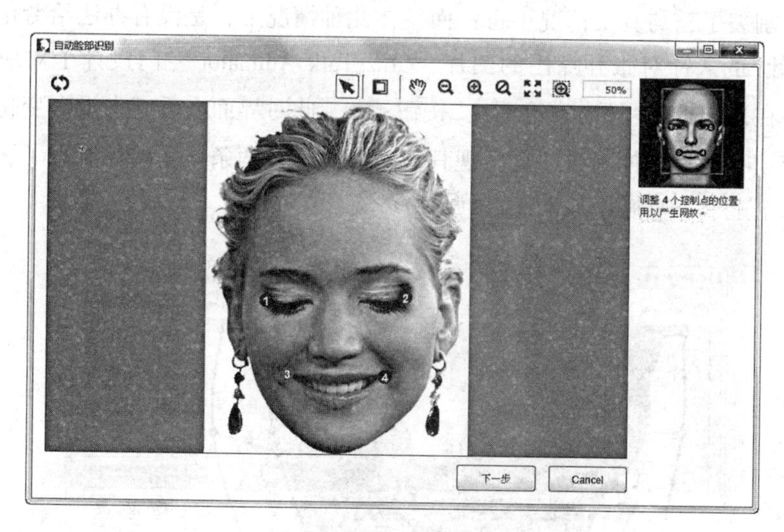


图 3-2-4　自动脸部识别

(4)点击“下一步”进入脸部辨别编辑器，参照右上角的示例，拖曳、旋转以及缩放脸部控制点的位置。再点击对话框顶部按钮，进入进阶网纹编辑模式，调整控制点如图 3-2-5 所示，注意让外圈把首饰也包围进去。

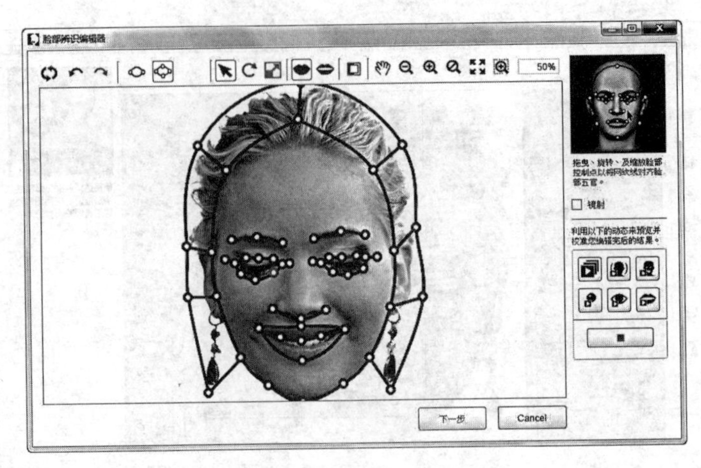


图 3-2-5　脸部辨别编辑器

说明：虽然照片中劳伦斯是闭眼的，但还是应该照着眼框所在位置去设置相应的控制点。

(5) 点击右下角的“嘴巴”按钮，预览劳伦斯说话的动作，会发现牙齿从中间割裂了，与真实情况不符；而且在此种情况下，是没有办法给劳伦斯安装“假牙”的。针对张开嘴巴的图片，CrazyTalk Animator 专门设计了对应的功能——在顶部点击“开启嘴巴网纹”按钮，此时界面上看起来没有变化。用鼠标拖动嘴巴上的控制点，会发现其实它们已经是两条线上的控制点了，分别将其移至上、下嘴唇，如图 3-2-6 所示。

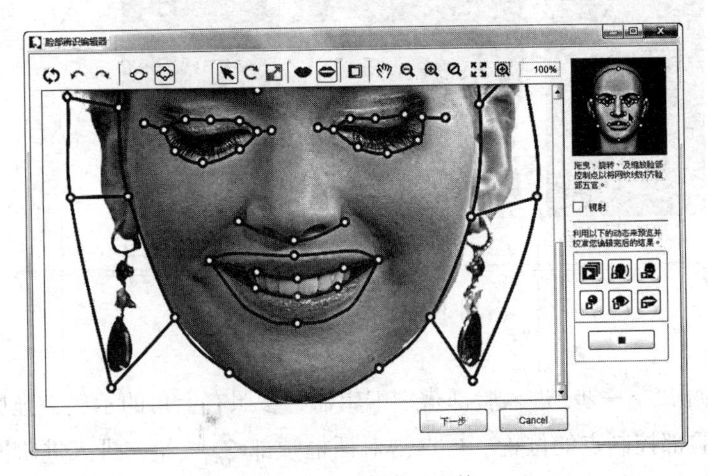


图 3-2-6　开启嘴巴网纹

说明：一定要确保上下嘴唇(上嘴唇的控制点是淡黄色)的控制点不要颠倒，另外也要注意不要把牙齿包含到嘴唇内部了。

(6)点击“下一步”进入侧面轮廓类型界面。此步骤不需要特别修改，直接点击“OK”按钮，并在弹出如图3-2-7所示的对话框中选择“Yes”即可。

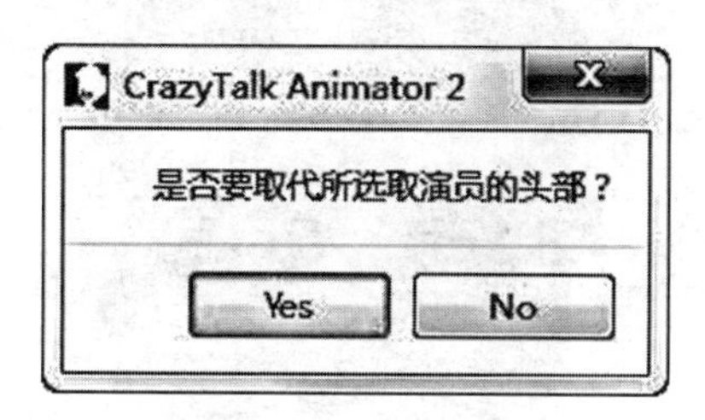


图3-2-7　取代演员头部

(7)在设计者模式中，将劳伦斯的头部向上移动至合适位置，初步设计好的劳伦斯如图3-2-8所示。由于事先在Photoshop里将头部以外的部分设置为透明了，所以此处不必像前例那样还需要再进行抠图。

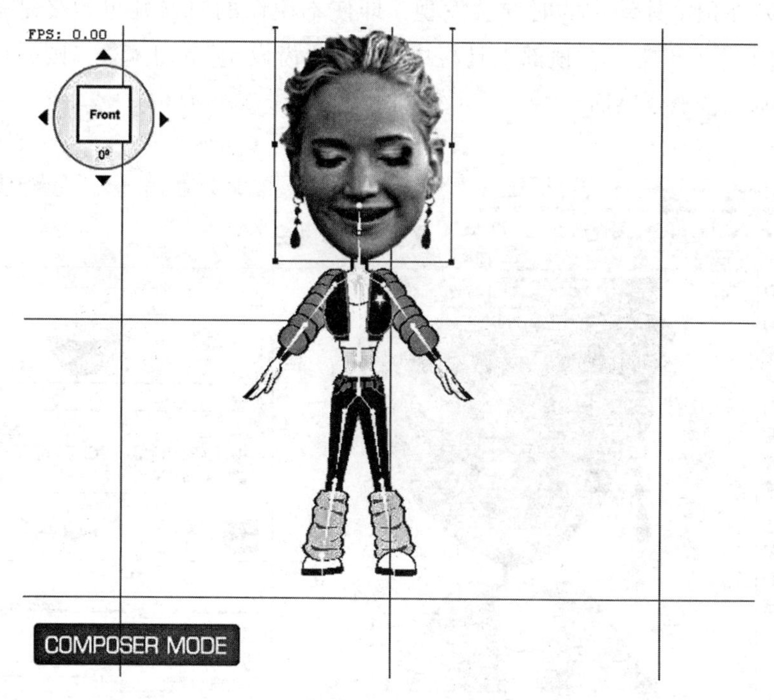


图3-2-8　初步完成

(8)为劳伦斯添加假眼和假牙，如图 3-2-9 所示，给她上了眼妆，还装了一个豁牙。

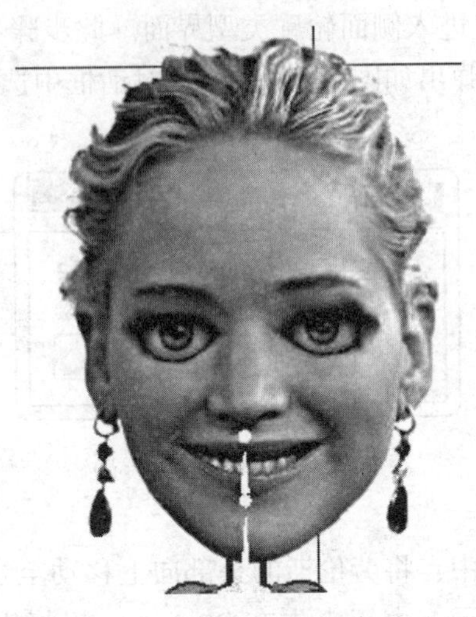

图 3-2-9　假眼和假牙

(9)在预览其动作的时候会发现，即使不说话的时候她也始终是张着嘴的，这十分不正常。在顶部工具栏中点击“牙齿设定”按钮，则界面如图 3-2-10所示，十分恐怖。

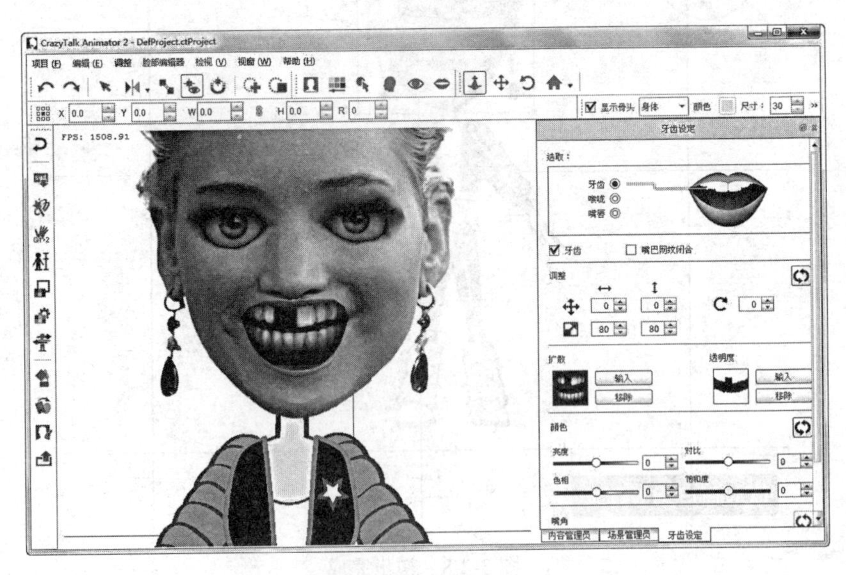


图 3-2-10　牙齿设定

在右上角点中“嘴唇”单选按钮，然后勾选“嘴巴网纹闭合”复选框，则劳伦斯终于闭嘴了，如图 3-2-11 所示。

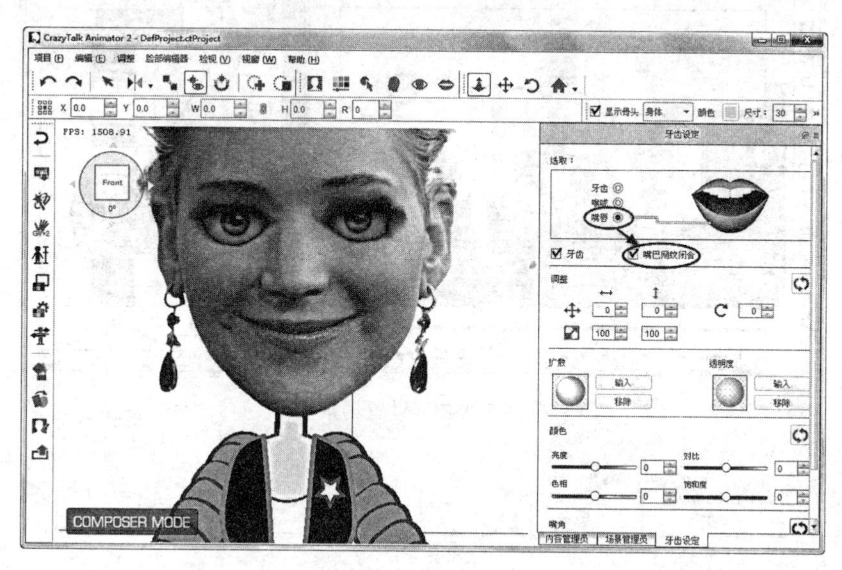


图 3-2-11　嘴巴网纹闭合

(10)在左侧工具箱中点击按钮，则弹出“示范播放”对话框，在其中观看脸部的各种动作是否正常合理。如果还有不妥当的地方，点击顶部工具栏的“脸部辨识编辑器”按钮或“侧面轮廓类型”按钮，重新进行调整。

(11)调整劳伦斯头部的高度，使之位于脖子上的正确位置。至此演员劳伦斯就完全设置好了。在左侧工具箱中点击“回到舞台”按钮，离开演员模型的编辑界面，进入舞台模式。在右侧“内容管理员”面板中点选“场景”，找到“Scene”然后双击自己喜欢的场景比如“Office”，如图 3-2-12 所示，劳伦斯就身处一个办公室空间中了。

(12)劳伦斯站立的位置有点怪，悬空站在办公桌的前面，看上去不太协调。选中劳伦斯，向下移动，并滚动鼠标滑轮以调整其在场景中的前后位置，使她看上去仿佛坐在椅子上，如图 3-2-13 所示。

(13)选中劳伦斯，在左侧工具箱中点击“建立脚本”，弹出“建立脚本”对话框如图 3-2-14 所示。

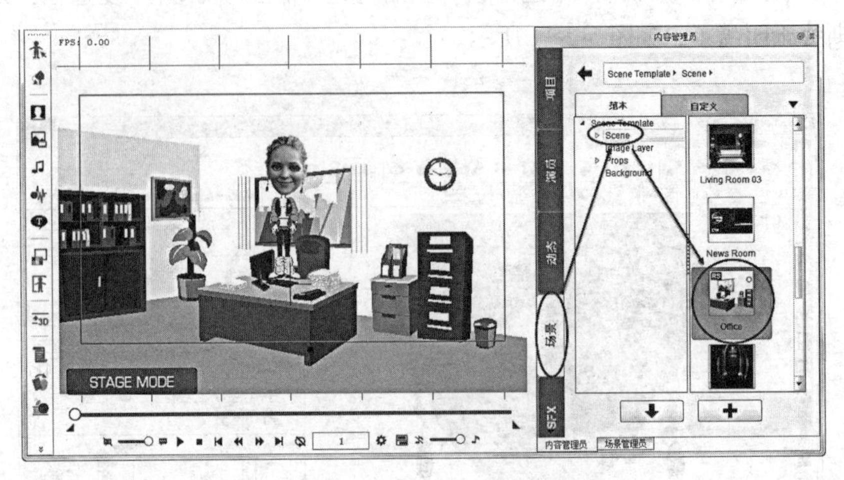


图 3-2-12　设置场景

图 3-2-13　调整远近

(14)“录音声音”就是直接用麦克风进行声音的现场录制，“TTS”是输入文字由电脑转换成电脑合成音，“Wave 档”支持 wav 和 mp3 格式的声音文字，至于“CrazyTalk 脚本文件”很少有机会用到。

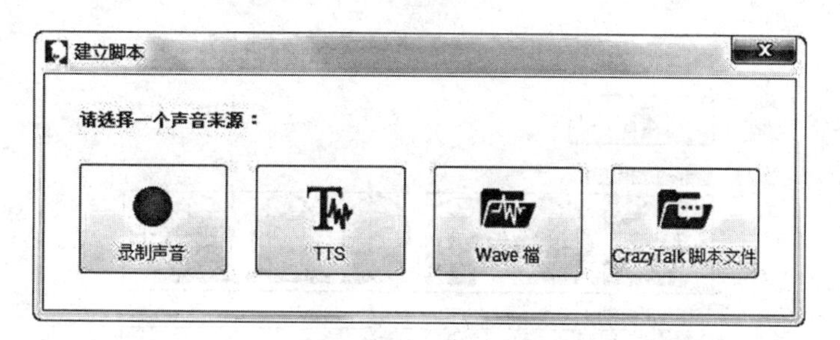


图 3-2-14 建立脚本

(15)点击“Wave 档”按钮，选择“老公我爱你 . mp3”，在此处给劳伦斯添加唱歌声音。播放动画时，可以明显看到劳伦斯的嘴型是和歌词文字完全对应的，如图 3-2-15 所示。

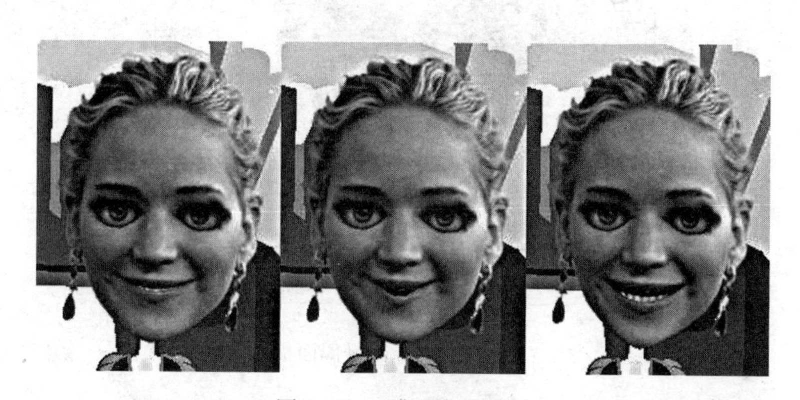

图 3-2-15 嘴型自动匹配

(16)选中劳伦斯，在左侧工具箱中点击“操偶编辑器”按钮，右侧出现面板如图 3-2-16 所示，在此面板中可以控制演员的面部表情。当前人偶的眼睛和眼睑处于选中状态，这表明将可以控制演员这两处的肌肉群进行运动。

说明：如果“操偶编辑器”面板和图 3-2-16 显示的不一样，请点击其左上角按钮，切换至脸部操偶面板。

(17)点击面板左下角的“预览”按钮，然后按空格键开始预览。此时移动鼠标，则可以观察到劳伦斯的头部和眼珠都随着鼠标的移动而移动，如图 3-2-17 所示；当按下鼠标左键时，劳伦斯会闭上双眼。多次移动和点击鼠标，

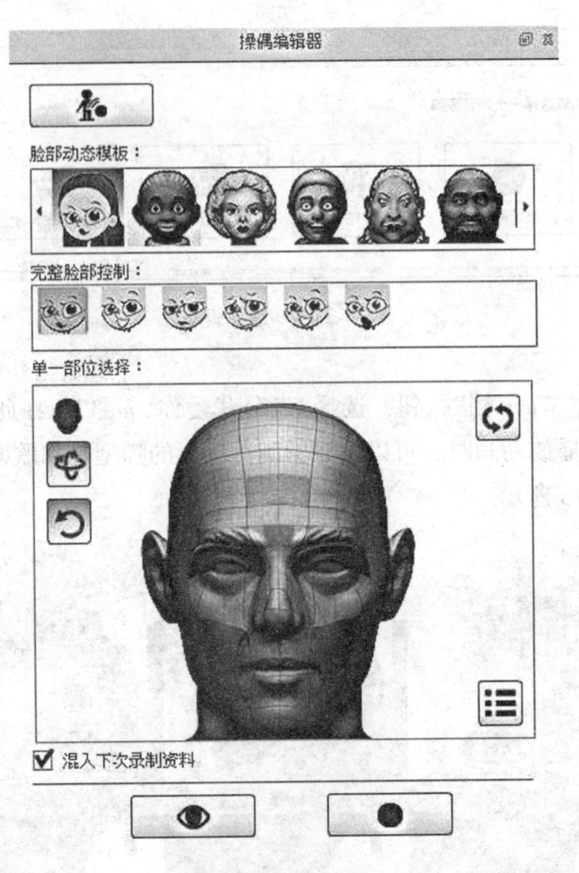


图 3-2-16　脸部操偶面板

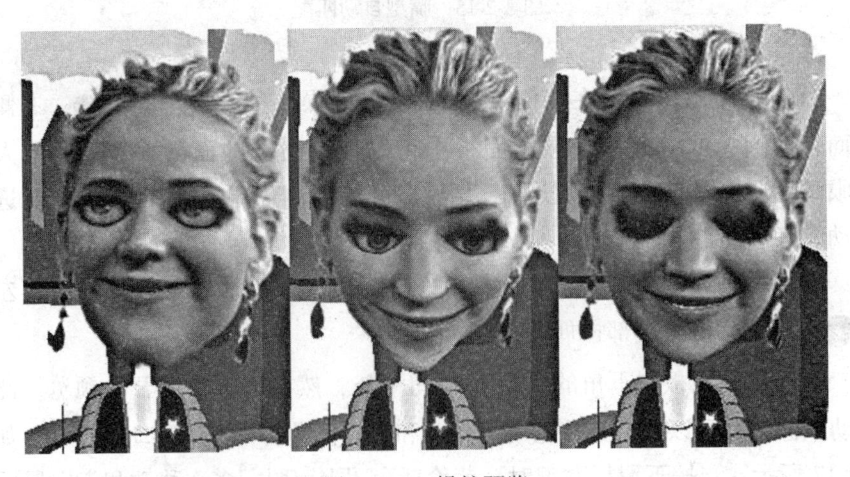

图 3-2-17　操控预览

掌握鼠标控制的规律之后，再次按下空格键取消预览。

说明：如果“操偶编辑器”面板和图 3-2-16 显示的不一样，请点击其左上角按钮，切换至脸部操偶面板。

(18)按下“录制”按钮，再按下空格键正式开始正式录制。根据劳伦斯唱的声音节拍，移动或点击鼠标，让劳伦斯的表情变得生动起来。

(19)刚才受鼠标控制的仅仅是双眼和眼睑，如果觉得还应该让面部其他部位也受控的话，可如图 3-2-18 所示，选中人偶的其他肌肉群(比如眉毛和面颊)，再次预览观察，以及再次进行录制。录制先请设置好播放头所在的时刻。

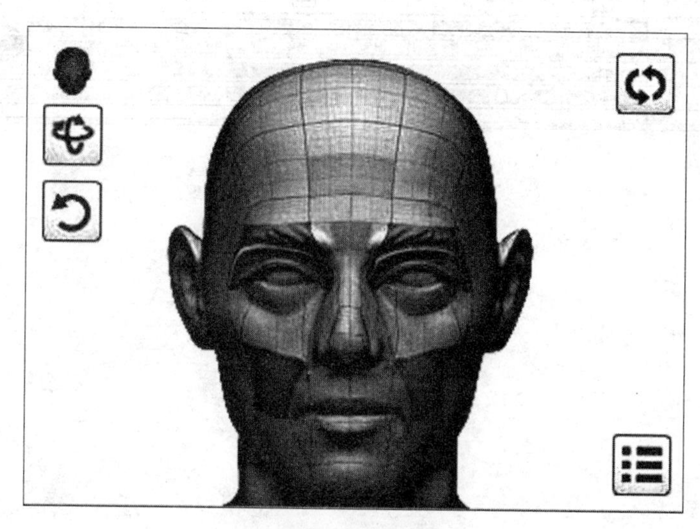

图 3-2-18　更改受控肌肉

说明：新录制的面部动作，将和先一次录制的表情混合在一起生效。

(20) 如果希望删除之前添加的面部动作，可以选中劳伦斯再按 F3 打开时间轴，如图 3-2-19 所示，按下“脸部”按钮，则相关的音效段落和脸部段落都会显示出来，然后就可以选中编辑了。

(21)选择“输出”→“输出影片”菜单，将制作好的动画导出为相应的视频文件。

FPS: 60.10
STAGE MODE
1343
操偶编辑器
脸部动态模板：
完整脸部控制：
单一部位选择：
内容管理员
场景管理员
操偶编辑器
时间轴
目前影格：
1343
Cherry G2
截取段落
调整
翻转
显示
连结
透明度
3D 动作
2D 动作
脸部
音效段落
老公我爱你
脸部段落
CtsDataClip

图 3-2-19　脸部段落

# 第4章 Premiere部分

## 4.1 预备实验(知识储备)

### 4.1.1 Premiere CC简介

Adobe Premiere Pro是Adobe公司开发的视频编辑软件，其数码视频编辑功能强大，包括尖端的色彩修正、强大的新音频控制和多个嵌套的时间轴，不仅有较好的兼容性，还能与Adobe公司推出的其他软件相互协作。其定位是一款剪辑软件，用于视频段落的组合和拼接，并提供一定的特效与调色功能。

其最新版本为Adobe Premiere Pro CC 2014。

### 4.1.2 视频编辑常识

(1)RGB色彩模式：是由红、绿、蓝三原色组成的色彩模式。Premiere中可以通过对红、绿、蓝三个通道的数值的调节，来调整色彩。三原色中每一种颜色都有0~255的取值范围，当三个值都为0时，图像为黑色，三个值都为255时，图像为白色。

(2)灰度模式：属于非彩色模式。

(3)LAB模式：是用来从一种颜色模式向另外一种颜色模式转变的内部颜色模式。由三个通道组成：一个亮度和两个色度通道A和B组成，其中A代表从绿到红的颜色分量变化，B代表从蓝到黄的颜色分量变化。

(4)HSB模式：主要将色彩看成三个要素——色调、饱和度和亮度。色相，即区分色彩的名称。饱和度，某种颜色的浓度含量；饱和度越高，颜色的强度也就越高。亮度，即颜色中光的强度表述。

(5)计算机图形可分为两种类型：位图图形和矢量图形。

位图图形也叫光栅图形，通常也称图像，它由大量的像素组成。位图图形是依靠分辨率的图形，每一幅都包含着一定数量的像素。

矢量图形是与分辨率无关的独立的图形。它通过数学方程式得到，由矢量所定义的直线和曲线组成。例如徽标在缩放到不同大小时都保持清晰的线条。

(6)像素：像素是构成图形的基本元素，它是位图图形的最小单位。像素有以下三种特性：像素与像素间有相对位置；像素具有颜色能力，可以用位来度量，像素都是正方形的；像素的大小是相对的，它依赖于组成整幅图像像素的数量多少。

(7)分辨率：分辨率是指图像单位面积内像素的多少。分辨率越高，则图像越清晰。

(8)颜色深度：图像中每个像素可显示出的颜色数称做颜色深度，通常有以下几种颜色深度标准：

**24 位真彩色**：每个像素所能显示的颜色数为 24 位，也就是 2 的 24 次方，约有 1680 万种颜色。

**16 位增强色**：增强色为 16 位颜色，每个像素显示的颜色数为 2 的 16 次方，有 65536 种颜色。

**8 位色**：每个像素显示的颜色数为 2 的 8 次方，有 256 种颜色。

(9) Alpha 通道：视频编辑除了使用标准的颜色深度外，还可以使用 32 位颜色深度。32 位颜色深度实际上是在 24 位颜色深度上添加了一个 8 位的灰度通道，为每一个像素存储透明度信息。这个 8 位灰度通道被称为 Alpha 通道。

(10) 视频制式：现行的彩色电视制式主要有 3 种：NTSC、PAL 和 SECAM。各种制式的帧速率也各不相同。中国采用的是 PAL-D 制式。

(11)场景：一个场景也可以称为一个镜头，它是视频作品的基本元素。大多数情况下它是摄像机一次拍摄的一小段内容。

(12)字幕：字幕并不只是文字，图形、照片、标记都可以作为字幕放在视频作品中。字幕可以像台标一样静止在屏幕一角，也可以做成节目结束后滚动的工作人员名单。

(13)转场过渡：一个视频素材替换另一个视频素材的切换过程。

(14)滤镜：通过在场景上使用滤镜，可以调整影片的亮度、色彩、对比度等。

(15)时间码：用来确定视频长度及每一帧画面的位置的特殊编码。现在国际上采用 SNPTE 时码来给每一帧视频图像编号。时间码格式是“小时：分：秒：帧”，例如时码为“00：03：11：20”，则表示视屏当前的播放时间长度为 3 分钟 11 秒 20 帧。

(16)渲染：将处理过的信息组合成单个文件的过程。

### 4.1.3 界面初步认识

图 4-1-1 为 Adobe Premiere Pro CC 的工作界面。

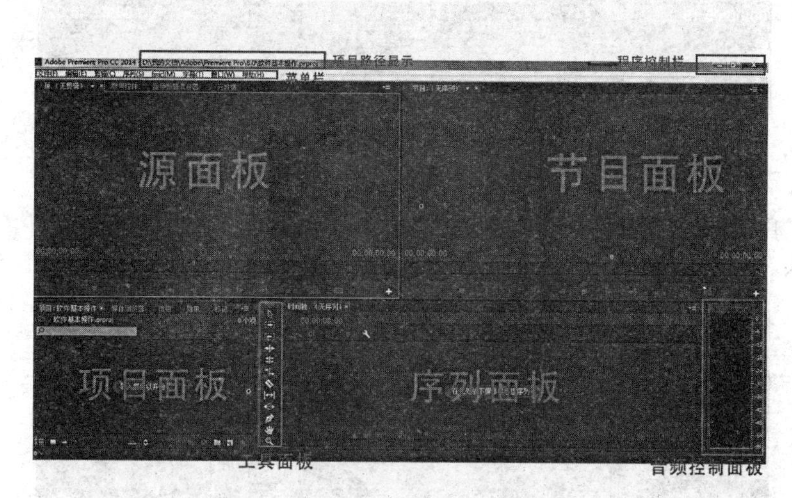


图 4-1-1　Adobe Premiere Pro CC 工作界面

Adobe Premiere Pro CC 的工作区主要分为六个：源面板、节目面板、项目面板、工具面板、序列面板、音频控制面板。

(1)源面板

源面板(如图 4-1-2 所示)中包含特效控制台面板、调音台面板、元数据面板。

图 4-1-2　源面板

信息区(如图 4-1-3 所示)用于显示素材长度，当前播放器指针的位置和素材的显示比例等数据。

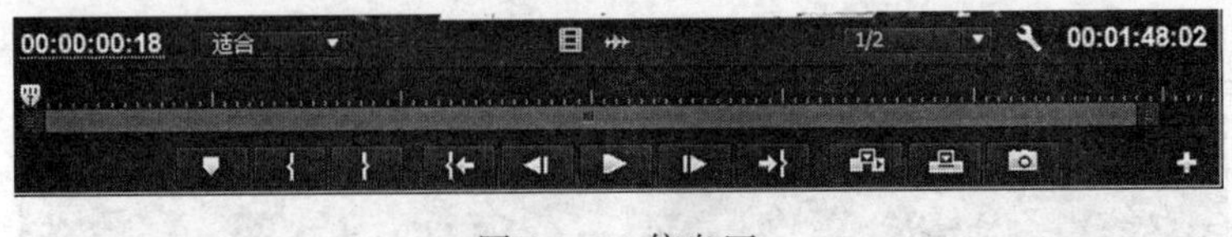


图 4-1-3　信息区

工具栏(如图 4-1-4 所示)提供了基本的剪辑工具和播放按钮。

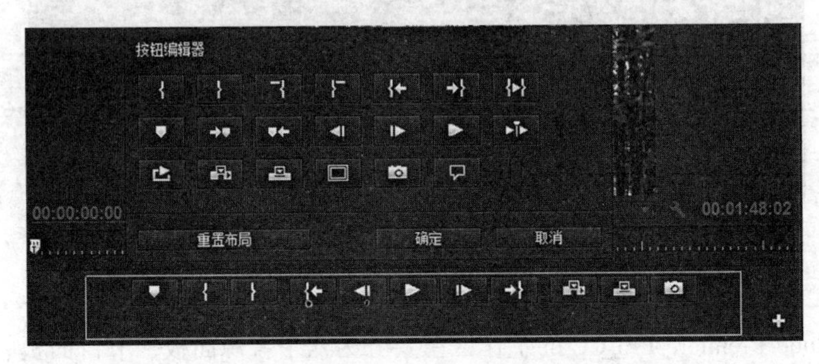


图 4-1-4　工具栏

(添加标记)：点击该按钮，在当前时间线上的指针处设定一个未编号标记。

(标记入点)：点击该按钮后，当前编辑线所在的位置将被设置为入点。

(标记出点)：点击该按钮后，当前编辑线所在的位置将被设置为出点。

(转到入点)：点击该按钮，时间指针快速定义到入点。

(转到出点)：点击该按钮，时间指针快速定义到出点。

(后退一帧)：点击该按钮，时间线跳到上一帧处。

(前进一帧)：点击该按钮，时间线跳到下一帧处。

(播放-停止切换)：点击该按钮，播放或停止该影音素材。

(插入)：点击该按钮，正在编辑的素材可插入到序列板面的当前时间指针处。

(覆盖)：点击该按钮，正在编辑的素材可覆盖到序列板面的当前时间指针处。

(导出帧)：点击该按钮，输出当前编辑帧的画面效果。

(安全框)：点击该按钮，输出当前编辑帧的画面效果。

(从入点播放到出点)：点击该按钮，播放入点到出点间的影音素材。

(循环)：点击该按钮，影音素材循环播放。

(2)序列面板

序列面板提供了组成项目是视频序列、特效、字幕和切换效果的临时图形。该软件默认三条视频轨道和三条音频轨道的编辑操作区，可以排列和放置剪辑素材，如图 4-1-5 所示。

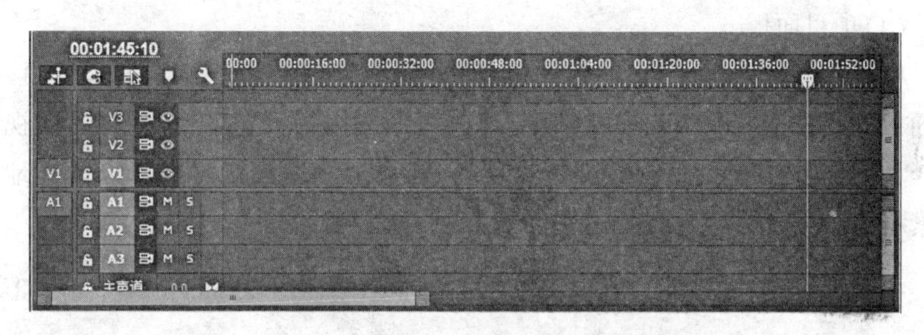


图 4-1-5　序列面板

(静音轨道)：可以使当前轨道中的音频静音。

(独奏轨道)：可以单独播放当前轨道中的音频。

(时间轴显示设置)：可以在弹出的菜单中设置素材在时间线中的显示风格。

(切换轨道输出)：控制轨道输出时的开关。

(3)工具面板

工具面板(如图 4-1-6 所示)主要用于编辑时间线中的素材文件。

图 4-1-6　工具面板

(选择工具)：选择时间轨道上的素材文件。

(向前轨道选择工具)：选择一条轨道上的所有分类，同时按住 Shift 键可以选择多条轨道。

(波纹编辑工具)：可以编辑一个素材文件的入点和出点而不影响相邻的素材文件。

(比率拉伸工具)：拖动时间轨道上的素材边缘进行速率伸展，以改变素材的长短和速率。

(剃刀工具)：用于剪辑时间轨道中的素材文件，同时按住 Shift 键可以选择多条轨道。

(4)项目面板

项目面板是 Adobe Premiere Pro CC 的重要窗口。如图 4-1-7 所示，该项目面板处于列表视图后，可以便捷地查看素材基本信息。切换到图标视图后，如图 4-1-8 所示，则显示图标视图，用鼠标滑过该素材则可以便捷地查看素材内容。

大量素材进行编辑可以使用列表视图，进行素材对比编辑用图标视图。

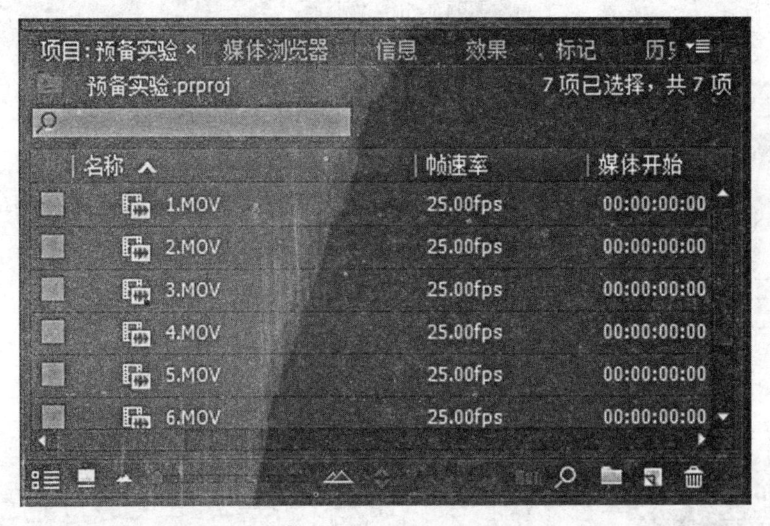


图 4-1-7　列表视图下的项目面板

图 4-1-8 图标视图下的项目面板

(列表视图) (图标视图) (放大-缩小) (自动匹配序列) (查找) (新建素材箱) (新建项) (清除)

## 4.2 导入素材

### 4.2.1 实验目的

掌握 Premiere CC 中导入各类型素材的一般方法。

### 4.2.2 实验预备知识

Premiere 所支持的静态图片主要包括 JPEG、PSD、BMP、GIF、TIFF、EPS、PCX 和 AI 等类型的文件；支持的视频格式文件主要包括 AVI、MPEG、MOV、DV-AVI、WMA、WMV 和 ASF 等；支持的动画和序列图片主要包括 AI、PSD、GIF、FLI、FLC、TIP、TGA、FLM、BMP、PIC 等文件格式；支持的音频文件格式有 MP3、WAV、AIF、SDI 等。

### 4.2.3　实验设备

Adobe Premiere Pro CC。

### 4.2.4　实验步骤

实验所使用的图像文件素材均存放于“Pr 实验 1”文件夹中。

在 Premiere 中可以导入很多素材文件，包括各种视频、音频、序列、图片、PSD 分层文件、文件夹等。

**1. 导入视音频素材文件**

(1)启动 Adobe Premiere Pro CC 软件，在弹出的界面中，选择【新建项目】，新建一个项目文件，如图 4-2-1 所示。

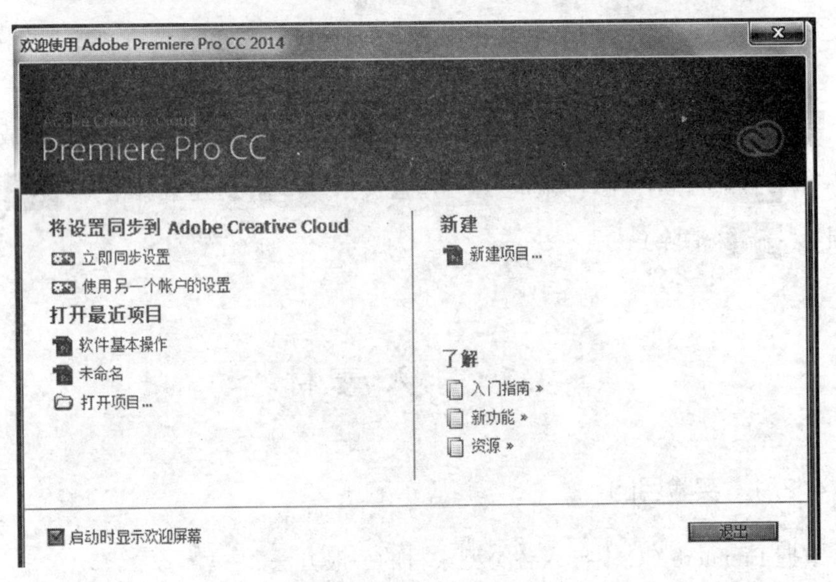


图 4-2-1　欢迎使用界面

(2)在【新建项目】对话框中设置需要保存的名称已经路径，点击【确定】按钮，如图 4-2-2 所示。

(3)在新建完成后的项目中，双击项目面板中的“导入媒体以开始”(如图 4-2-3 所示)，在弹出的对话框中选择需要导入的视频，也可以在项目面板中点击右键选择【导入】，如图 4-2-4 所示。

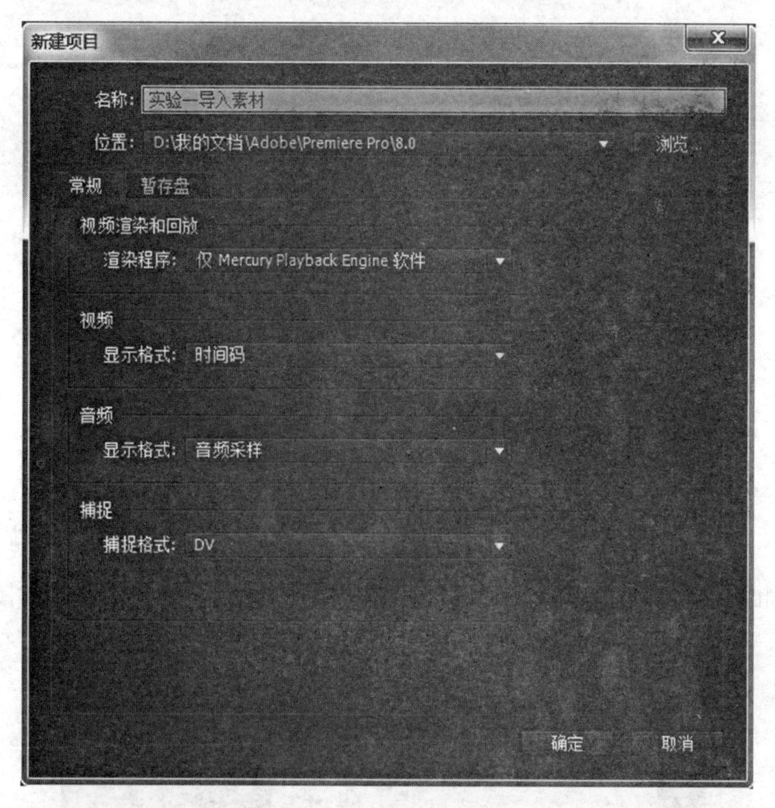


图 4-2-2 【新建项目】对话框

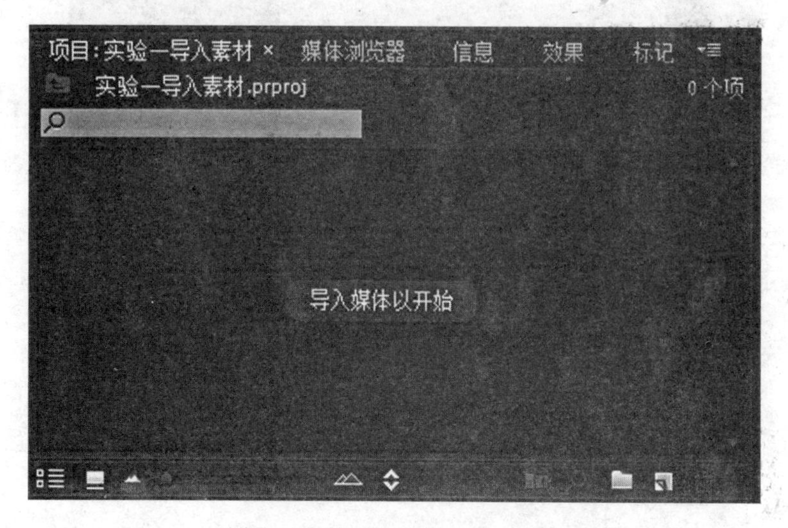


图 4-2-3 在项目面板中导入素材

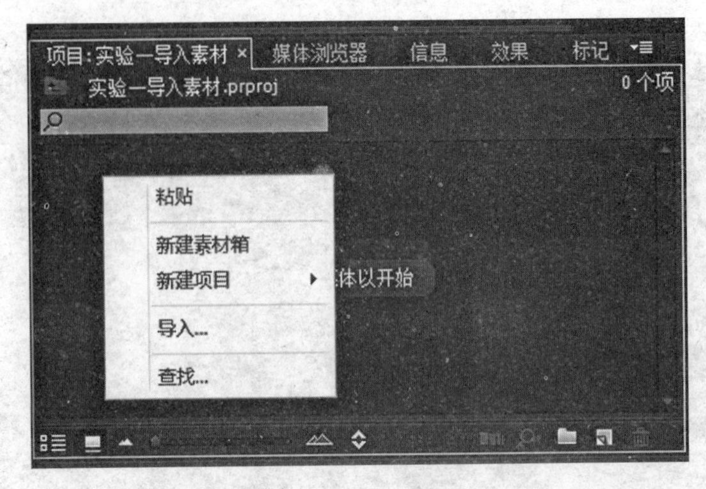


图 4-2-4　在项目面板中导入素材

同时，也可以在菜单栏中，选择【文件】—【导入】，导入素材，如图 4-2-5 所示。

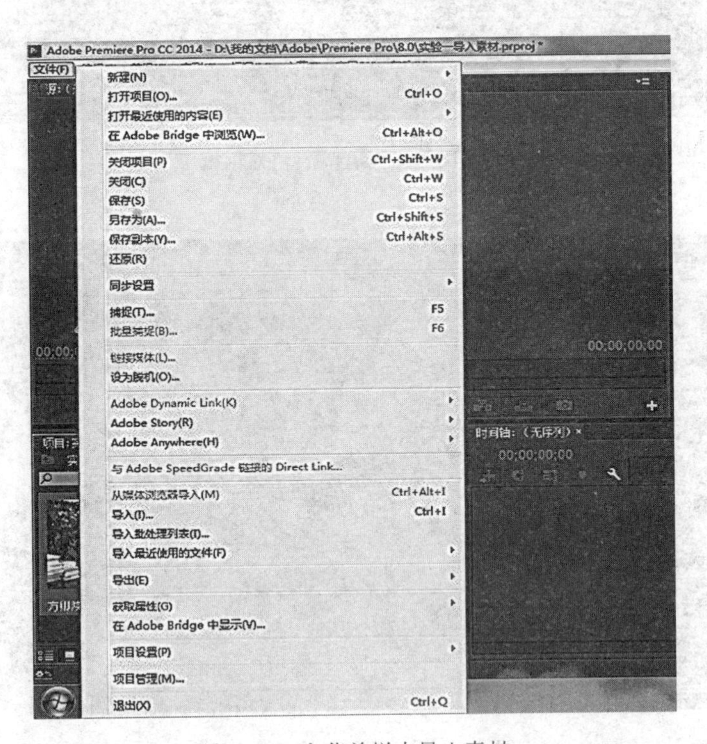


图 4-2-5　在菜单栏中导入素材

(4)即可完成导入视频素材文件，并可在项目面板中查看，如图 4-2-6 所示。将素材拖入序列面板中的时间线上便可以播放，如图 4-2-7 所示。

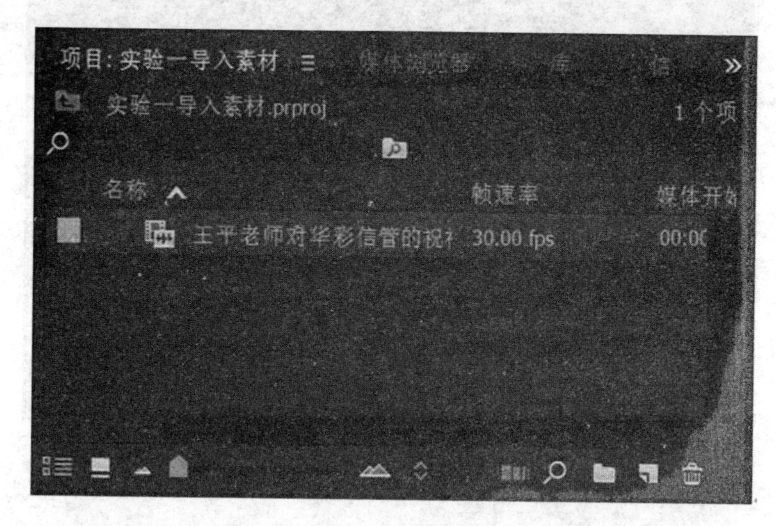


图 4-2-6　导入的素材

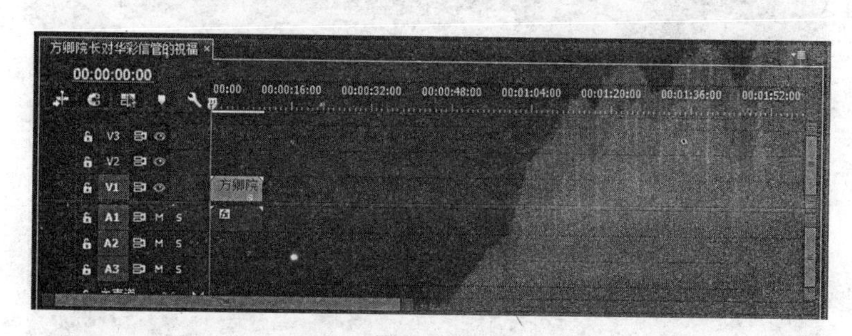


图 4-2-7　将素材拖曳至时间线中

**2. 导入图像素材**

(1)在菜单栏中点击【文件】—【导入】，在弹出的对话框中选择要导入的文件即可，如图 4-2-8 所示。

(2)导入文件后，把导入的素材拖曳至序列面板的时间线上，如图 4-2-9 所示。

注意，因为图像素材是静帧文件，而在 Premiere Pro CC 中是被当做视频文件使用的，因此导入的图像素材可以更改其持续时间，具体步骤如下：

图 4-2-8　导入图片素材

图 4-2-9　将图片素材拖曳至时间线中

①在导入素材之前，在菜单栏中选择【编辑】—【首选项】—【常规】，如图 4-2-10 所示。

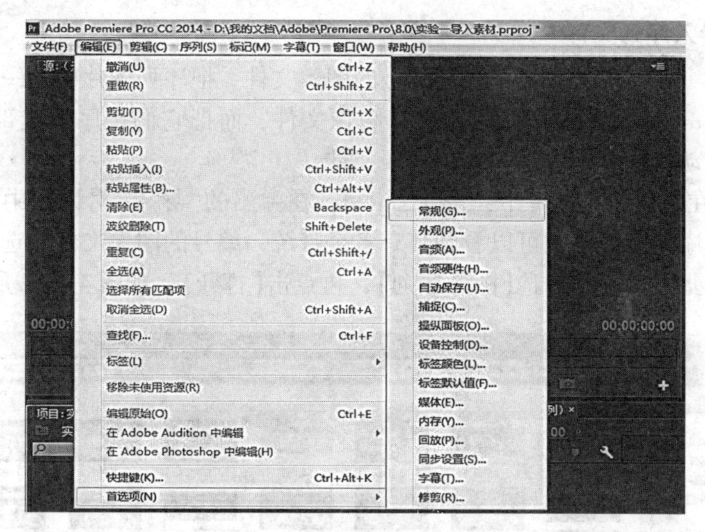


图 4-2-10 选择【常规】命令

②在弹出的对话框中将“静止图像默认持续时间”设置为 125 帧，即 5 秒钟，如图 4-2-11 所示(25 帧=1 秒)。

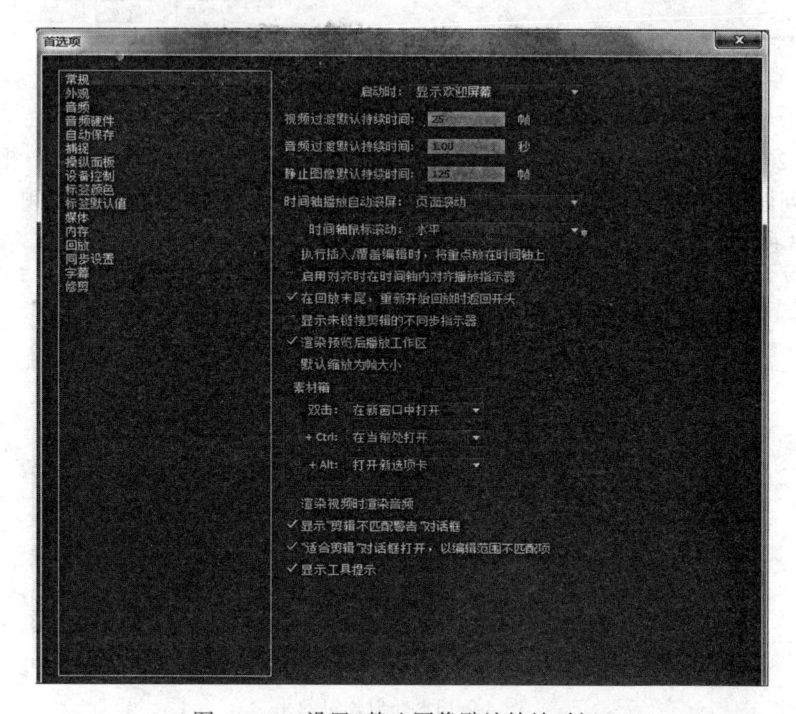


图 4-2-11 设置“静止图像默认持续时间”

### 3. 导入序列文件

注意，序列文件是带有统一编号的图像文件。把序列图片中的一张图片导入 Premiere Pro CC 中，它就是静态图像文件，而把它们按序列全部导入中，系统会自动将这个整体视为一个视频文件。

(1)在新建项目文件中，按住 Ctrl+I，在弹出的“导入”对话框中，打开所要导入的序列文件，就可以看到其有多个带统一编号的图像文件。选中序列图像的第一张图片，并勾选【图像序列】，再点击【打开】，如图 4-2-12 所示。

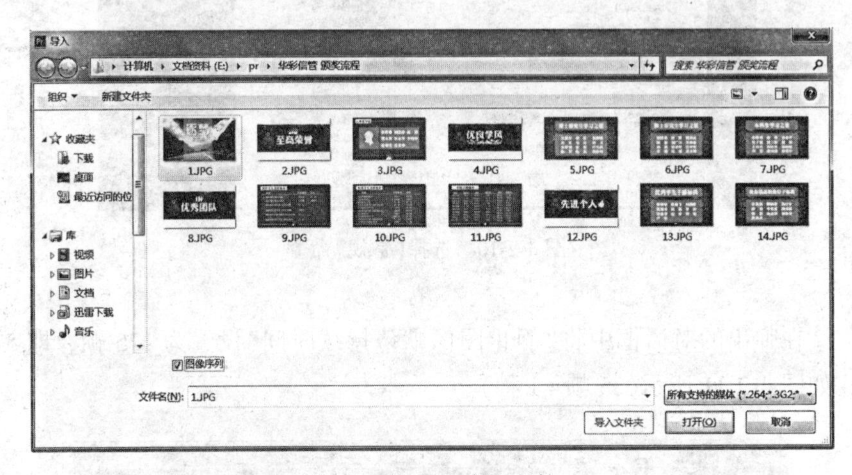


图 4-2-12　导入序列文件

(2)在项目面板即可看到导入的序列文件与视频文件的图标一致。把其拖入序列面板中的时间线上，按住播放键，则在节目面板中播放预览视频。如图 4-2-13 所示。

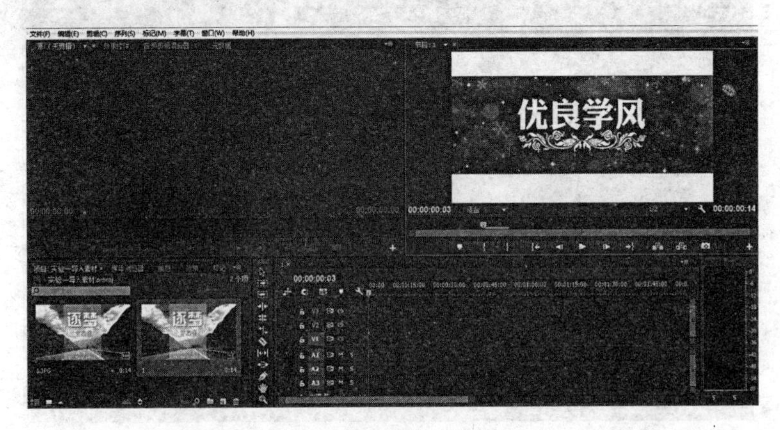


图 4-2-13　播放预览效果

#### 4. 导入 PSD 图层文件

在 Premiere Pro CC 中，可以将 PSD 图层文件所有图层作为一个整体导入，也可以单独导入其中的一个图层。本例子将讲述如何把 PSD 图层文件导入 Premiere Pro CC 中并保持图层信息不变。

(1)在新建项目中，按住 Ctrl+I，导入 PSD 图层文件，并单击【打开】。

(2)此时会弹出【导入分层文件】对话框，在“导入为”的下拉菜单中选择【各个图层】，则所有的图层被选中，如图 4-2-14 所示(若想选择某一图层，便只在该图层前打钩)。

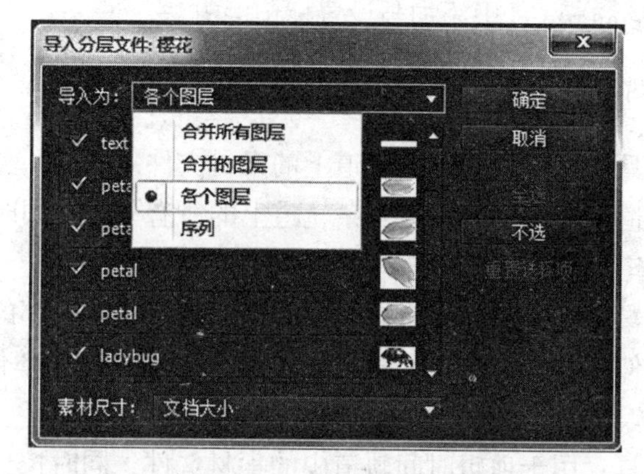


图 4-2-14　导入分层文件

(3)则最终效果如图 4-2-15 所示。

图 4-2-15　最终效果

# 4.3 编辑素材

## 4.3.1 实验目的

(1)熟悉 Premiere CC 的工具面板。

(2)掌握 Premiere CC 中剪辑素材的几种方法。

(3)掌握 Premiere CC 中添加与设置标记的方法。

## 4.3.2 实验预备知识

(1)选择工具：用于选择时间轨道上的素材文件。

(2)向前轨道选择工具：选择一条轨道上的所有分类，同时按住 Shift 键可以选择多条轨道。

(3)波纹编辑工具：可以编辑一个素材文件而不影响相邻的素材文件。

(4)比率拉伸工具：拖动时间轨道上的素材边缘进行速率伸展，以改变素材的长短和速率。

(5)剃刀工具：用于剪辑时间轨道中的素材文件，同时按住 Shift 键可以选择多条轨道。

## 4.3.3 实验设备

Adobe Premiere Pro CC。

## 4.3.4 实验步骤

实验所使用的图像文件素材均存放于“Pr 实验 2”文件夹中。

**1. 添加与设置标记**

“源面板”中的标记工具用于设置素材片段的标记，“节目面板”的标记工具用于设置序列中时间标尺上的标记。

设置标记可以帮助使用者在时间线中对齐素材或切换素材，还可以快速寻找目标位置。标记点和序列面板上的“吸附”工具共同工作。若“吸附”工具被选中，则序列面板上的素材在标记的有限范围内移动时，就会快速与邻近的标记靠齐。

(1)标记出、入点

①在新建的项目中，按 Crtl+I 导入素材“4. MOV”，并把其拖入时间线 V1 上，如图 4-3-1 所示。

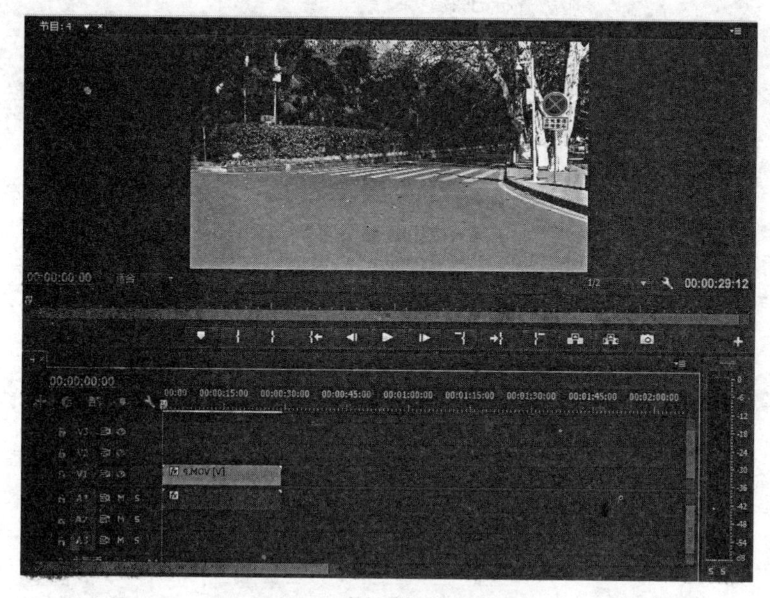

图 4-3-1 将素材拖入时间线中

②在“节目”面板中找到设置标记的位置，然后单击“标记入点”按钮 为该处添加一个标记，则时间线上显示如图 4-3-2 所示。同时，也可以在需要时间线上添加标记的地方单击右键，在弹出的菜单中选择“添加标记”，如图 4-3-3 所示。

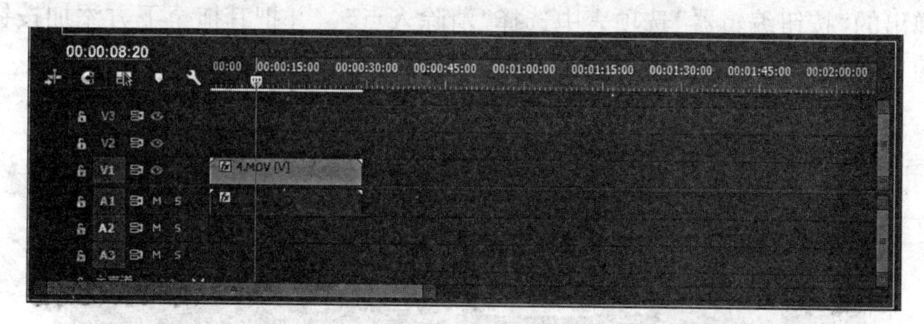

图 4-3-2 添加“标记入点”后时间线上的效果

③标记出点与标记入点的方法一样，在“节目”面板中找到设置标记的位置，然后单击“标记出点”按钮 ，为该处添加一个标记。

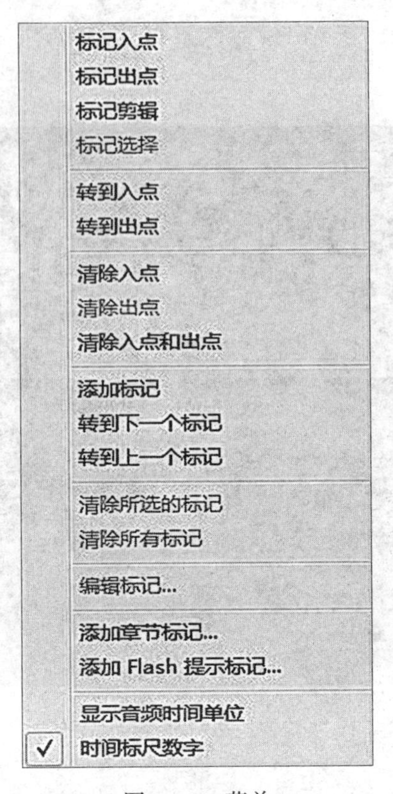


图 4-3-3　菜单

(2)清除标记

①在节目面板中找到设置标记的位置，然后单击“按钮编辑器”按钮。在弹出的“按钮编辑器”选项表中选择“清除入点”，并把其拖至下方添加按钮，如图 4-3-4 所示。

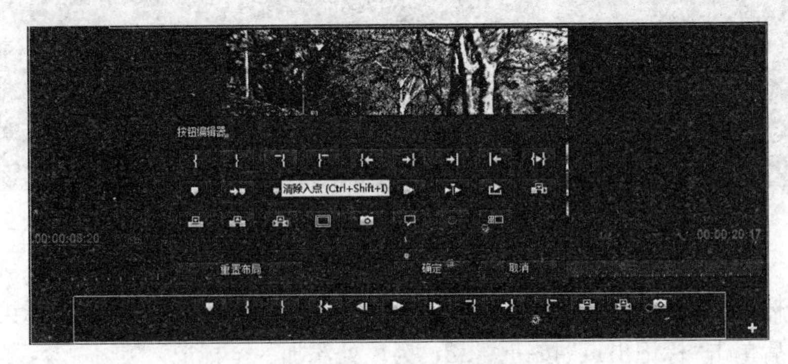


图 4-3-4　在按钮编辑器中选择“清除入点”

(2)在节目面板中，单击“清除入点” ，即可清除标记入点，如图 4-3-4 所示。

(3)“清除出点”的步骤与“清除入点”一样。

**2. 视频剪辑**

(1)镜头快慢播放效果

①新建项目，新建序列，选择 DV-PAL 标准 48kHz。

②按 Ctrl+I 添加素材“4. MOV”，并把素材拖至时间线上。

③用 剃刀工具在 00：00：18：00 处对该素材进行切割，如图 4-3-5 所示。

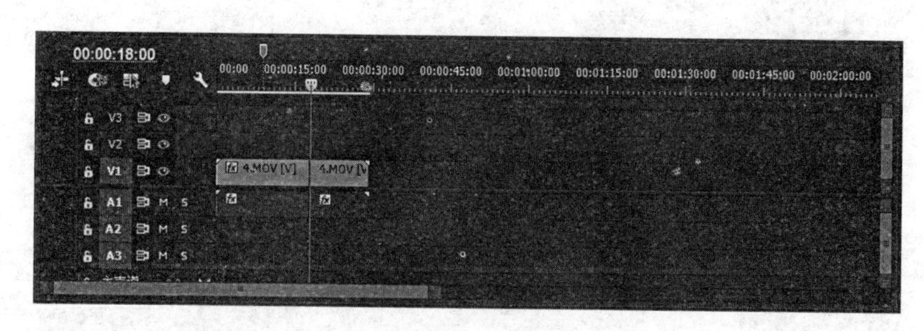


图 4-3-5　切割素材

④选择“选择工具” ，确认该轨道中的第一段视频处于选中状态，单击鼠标右键，在弹出的快捷菜单中选择“速度/持续时间”命令，如图 4-3-6 所示。

⑤在弹出的“剪辑速度/持续时间”对话框中，将“速度”设置为 200%，如图 4-3-7 所示。

⑥选择该轨道中的第二段文件视频，设置其持续时间，把“速度”设置为“20%”，步骤同上。设置好以后，便可以在节目面板中点击播放预览视频效果。

(2)使用选择工具剪裁素材

①单击”选择工具“按钮 ，在时间线上，将光标放置在需要缩短或者拉长的素材边缘，此时，选择光标变成了增加光标如图 4-3-8 所示。

②向左或者向右拖动鼠标，即可缩短或增长该素材，如图 4-3-9 所示。

(3)使用波纹编辑工具剪辑素材

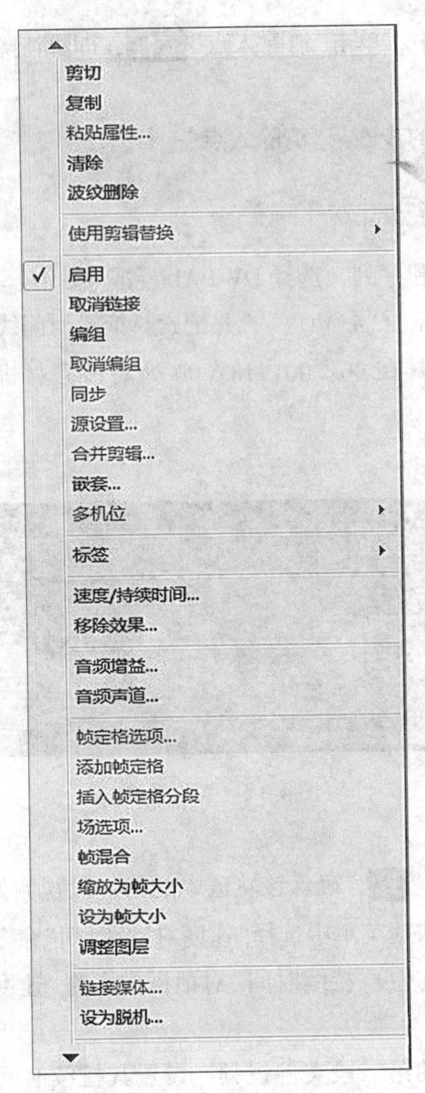


图 4-3-6　快捷菜单中选择“速度/持续时间”命令

使用波纹工具拖动对象的出点可以改变对象的长度，相邻的对象会粘上来或者后退，相邻对象的长度不变，节目总时长不变。

①单击“波纹编辑工具”按钮，将光标放在时间线上的两个素材的连接处，并拖动鼠标以调节素材的长度。

②此时可以在节目面板中显示两个相邻帧的画面。

③拖动至适当位置处松开鼠标左键，其相邻的位置会随之改变。

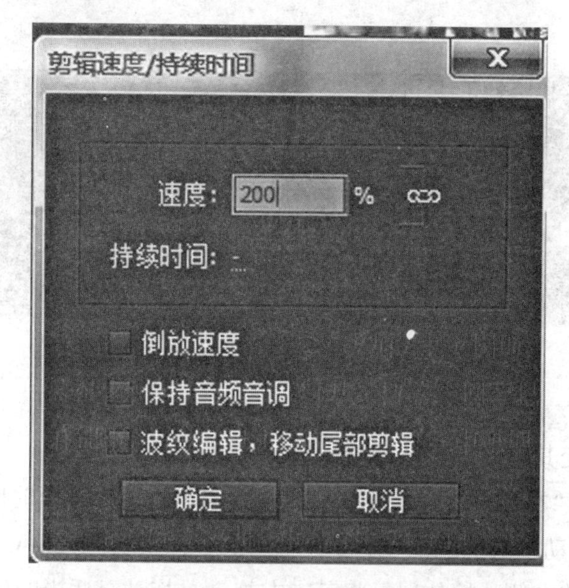


图 4-3-7 “剪辑速度/持续时间”对话框

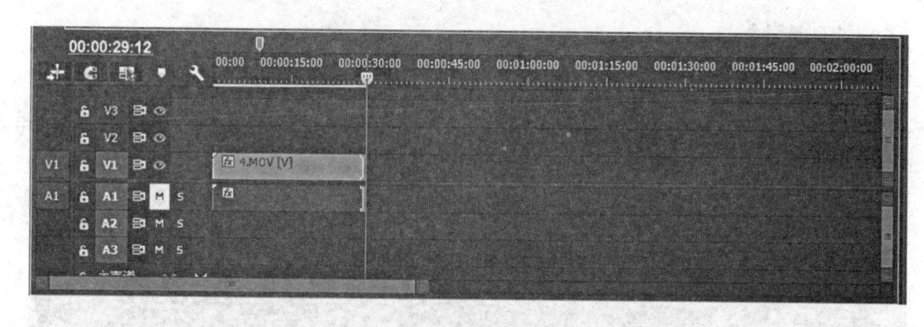


图 4-3-8 指定光标位置

(4)用滚动编辑工具剪辑素材

滚动编辑工具可以调节一个素材的长度，但会增加或者缩短相邻素材的长度，以保持原来两个素材和整个轨道的总长度。

①单击“滚动编辑工具”按钮，并将光标放置在时间线中两个素材的链接处，拖动以剪裁素材。

②一个素材的长度被调节了，其他素材的长度被缩短或拉长以补偿该调节。

(5)使用滑动工具剪辑素材

滑动工具可保持要剪辑片段的入点与出点不变，通过其相邻片段入点和出

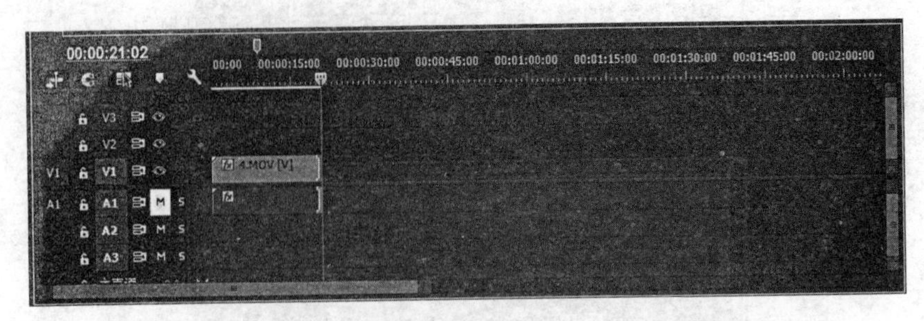


图 4-3-9　调整素材长度

点的改变，改变其时间线上的位置。

1 导入素材“1. MOV”、“2. MOV”，再将素材这两个拖至时间线 V1 上。

②单击“滑动工具”按钮，并在时间线上选择素材“2. MOV”。然后将鼠标移至选中对象的右侧，按住鼠标将其向左拖动，拖动至适当的位置处释放鼠标左键，即可完成对素材“2. MOV”的调整。

(6)嵌套素材

①按住 Ctrl+I 导入素材“2. MOV”、“4. MOV”。

②将素材“2. MOV”拖至时间线 V1 上，将素材“4. MOV”拖至时间线 V2 上，如图 4-3-10 所示。

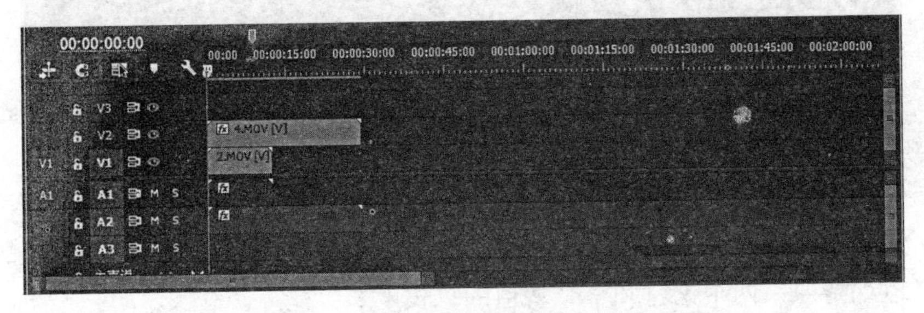


图 4-3-10　将素材拖曳至时间线上

③选中时间线 V1 上的素材“2. MOV”，然后在“效果控件”下的“视频效果”设置相关参数，位置为(470，540)，缩放为 50，如图 4-3-11 所示。选中时间线 V2 上的素材“4. MOV”，然后在“效果控件”下的“视频效果”设置相关参数，位置为(1430，540)，缩放为 50，如图 4-3-12 所示，则节目面板中效果如

图 4-3-13 所示。

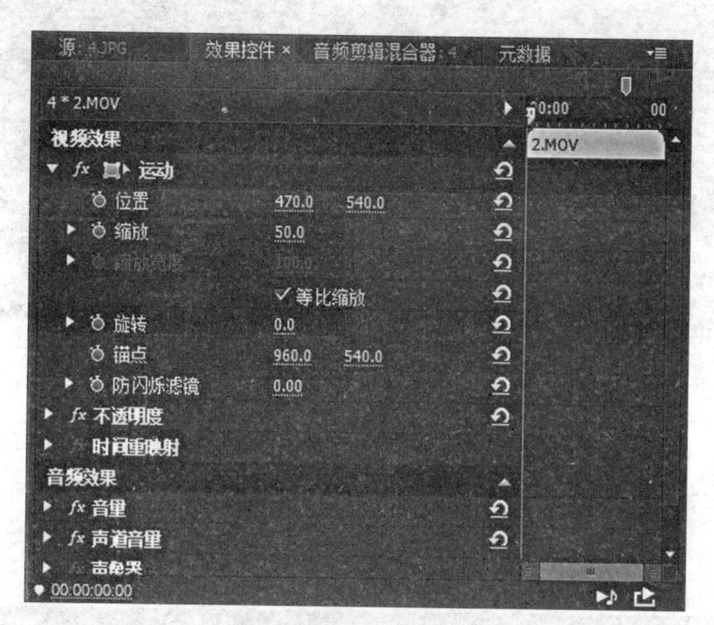


图 4-3-11 设置视频效果

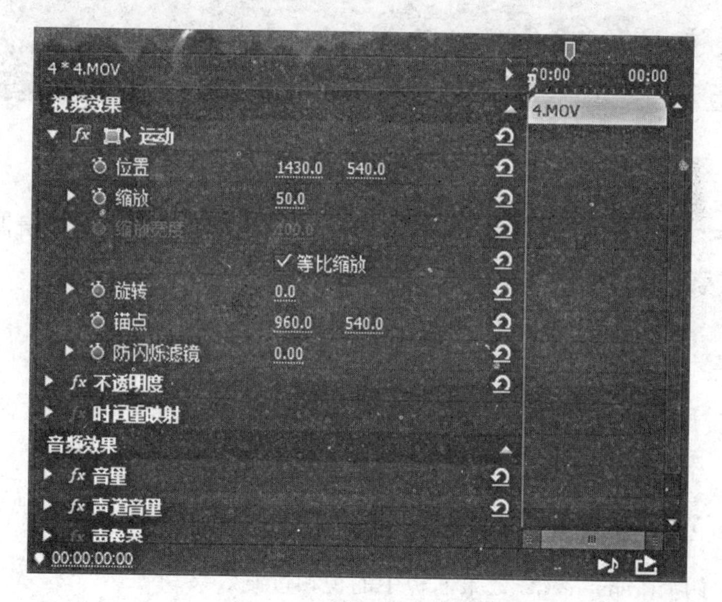


图 4-3-12 设置视频效果

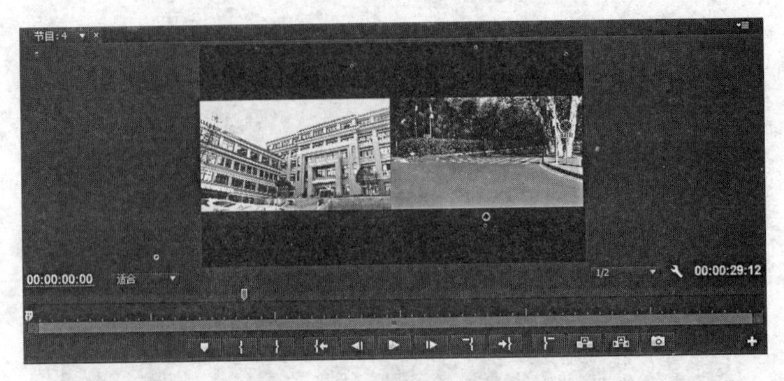


图 4-3-13　节目面板上的效果

④在时间线上选择这两个素材，单击鼠标右键，在弹出的快捷菜单中选择“嵌套”命令。此时，会在“项目”面板中自动添加“嵌套序列 01”，如图 4-3-14 所示。

图 4-3-14　嵌套序列 01

⑤在“项目”面板中双击“嵌套序列 01”，即可在时间线上编辑源素材文件，对源素材文件的修改会影响到嵌套素材。

# 4.4　添加视频转场

## 4.4.1　实验目的

(1)了解 Premiere CC 效果面板中的视频过渡效果。

(2)掌握几种视频过渡效果的使用方法。

(3)了解 Premiere CC 中的效果控件面板。

### 4.4.2 实验预备知识

“视频过渡”是置于两个素材之间或是一个素材前后的特效，它有立方体旋转、翻转、交叉划像、圆划像、盒形划像、菱形划像、划出、棋盘、带状擦除、插入、随机快、风车、交叉溶解、渐隐为白色、渐隐为黑色、滑动、交叉缩放、页面剥落等多种过渡效果。

### 4.4.3 实验设备

Adobe Premiere Pro CC。

### 4.4.4 实验步骤

实验所使用的图像文件素材均存放于“Pr 实验 3”文件夹中。

**1. 风车转场效果**

(1)新建项目，按快捷键 Ctrl+I 导入两个视频素材。

(2)把视频素材拖动至序列面板中的时间线上，如图 4-4-1 所示。

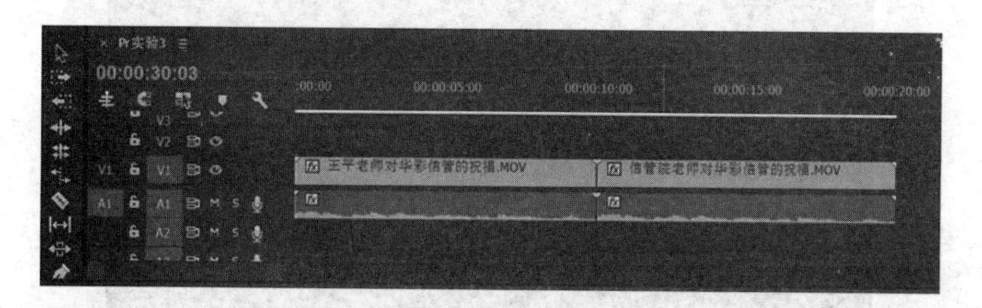


图 4-4-1　将素材拖入时间线中

(3)在效果面板中搜索“风车”过渡效果，并且将其拖动到时间线 v1 轨道的两个素材之间，如图 4-4-2 所示。

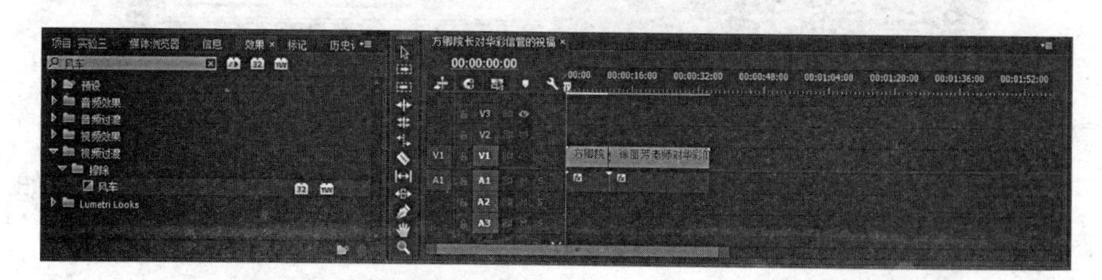


图 4-4-2　添加“风车”转场效果

(4)选择上一步骤在时间线上添加的效果，然后在【效果空间】面板中单击【自定义】按钮，在弹出的对话框中设置【楔形数量】为 12，并点击确定，如图 4-4-3 所示。

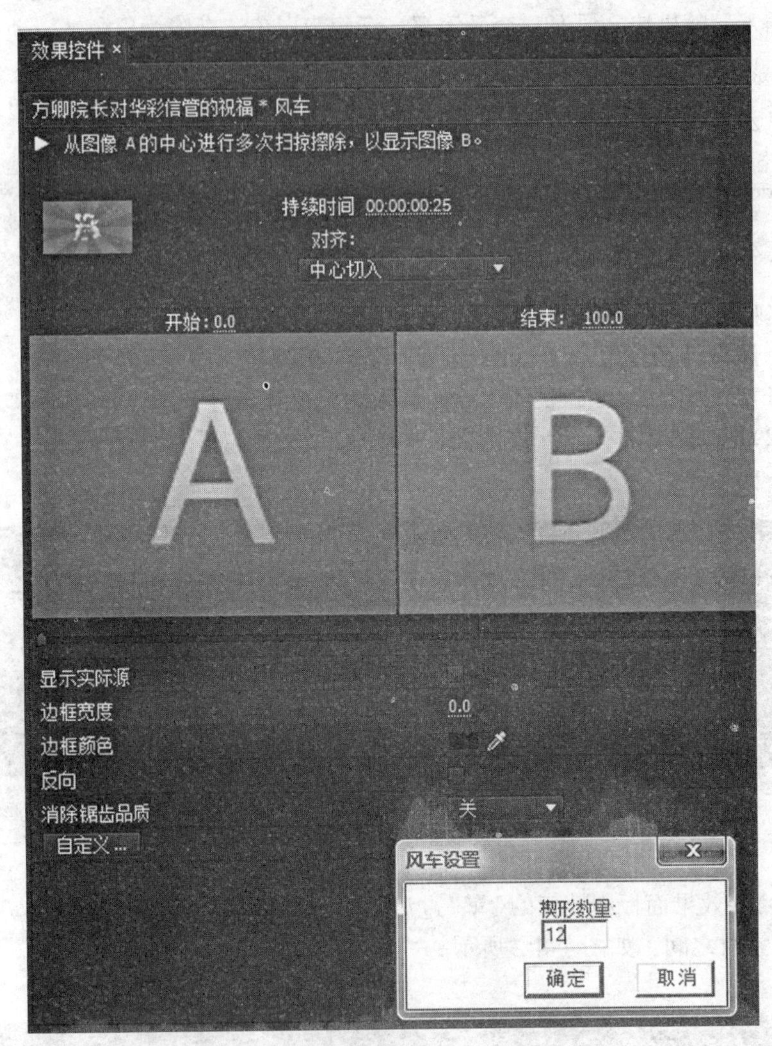


图 4-4-3　设置“风车”转场效果参数

注意，在【效果控件】中可以改变转场效果的持续时间、对齐方式等，如图 4-4-3 所示。

**2."滑动"切换**

(1)新建项目文件后，按快捷键 Ctrl+I 导入四张图片素材，并将其拖入序列面板的时间线上，如图 4-4-4 所示。

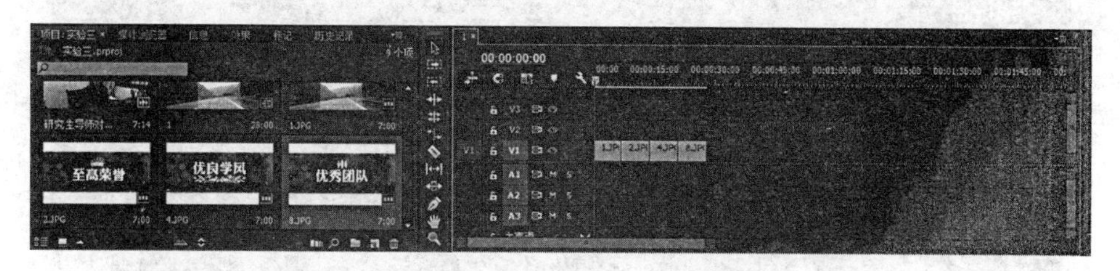


图 4-4-4 添加素材并拖至时间线

(2)按住 Shift 键，将时间线上的所有素材选中，并点击右键，在弹出来的快捷菜单中，选中【速度/持续时间】，在弹出的对话框中，将"持续时间"设置为"00：00：03：00"，然后勾选"波纹编辑，移动尾部剪辑"复选框，如图 4-4-5 所示。

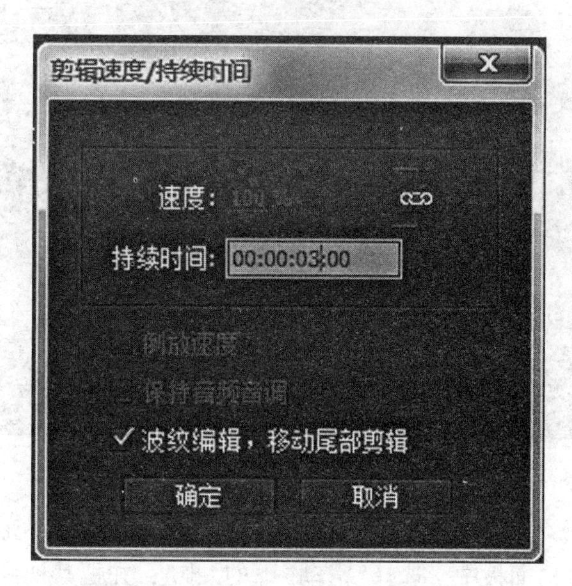


图 4-4-5 设置"速度/持续时间"

(3)在【效果】面板中，选择"滑动"下的"中心拆分"，并把其拖到序列面板中的“1. jpg、2. jpg”素材之间。然后，在【效果控件】面板中设置参数，将边宽设置为 1，边色设置为白色，如图 4-4-6 所示。

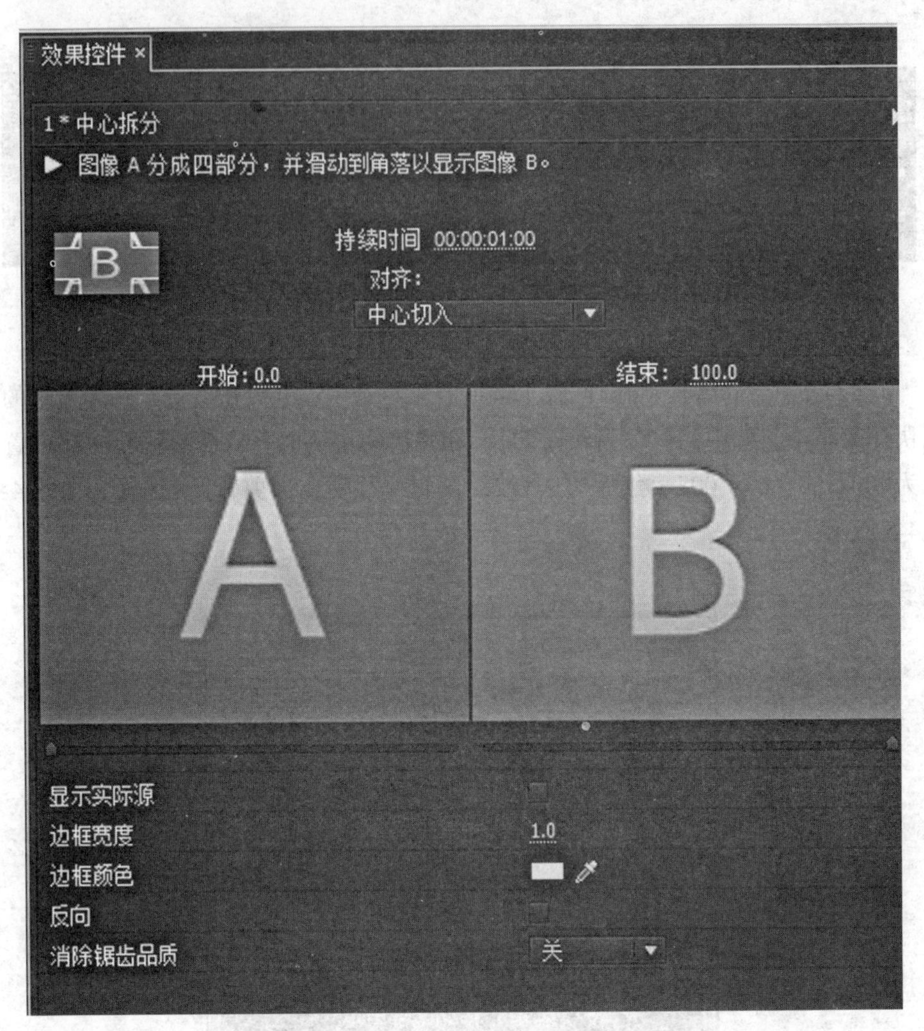


图 4-4-6　设置“中心拆分”转场效果

(4) 在【效果】面板中，选择“滑动”下的“推”，并把其拖到序列面板中的“2. jpg、4. jpg”素材之间。然后，在【效果控件】面板中设置参数，将对齐方式改为“终点切入”，如图 4-4-7 所示。

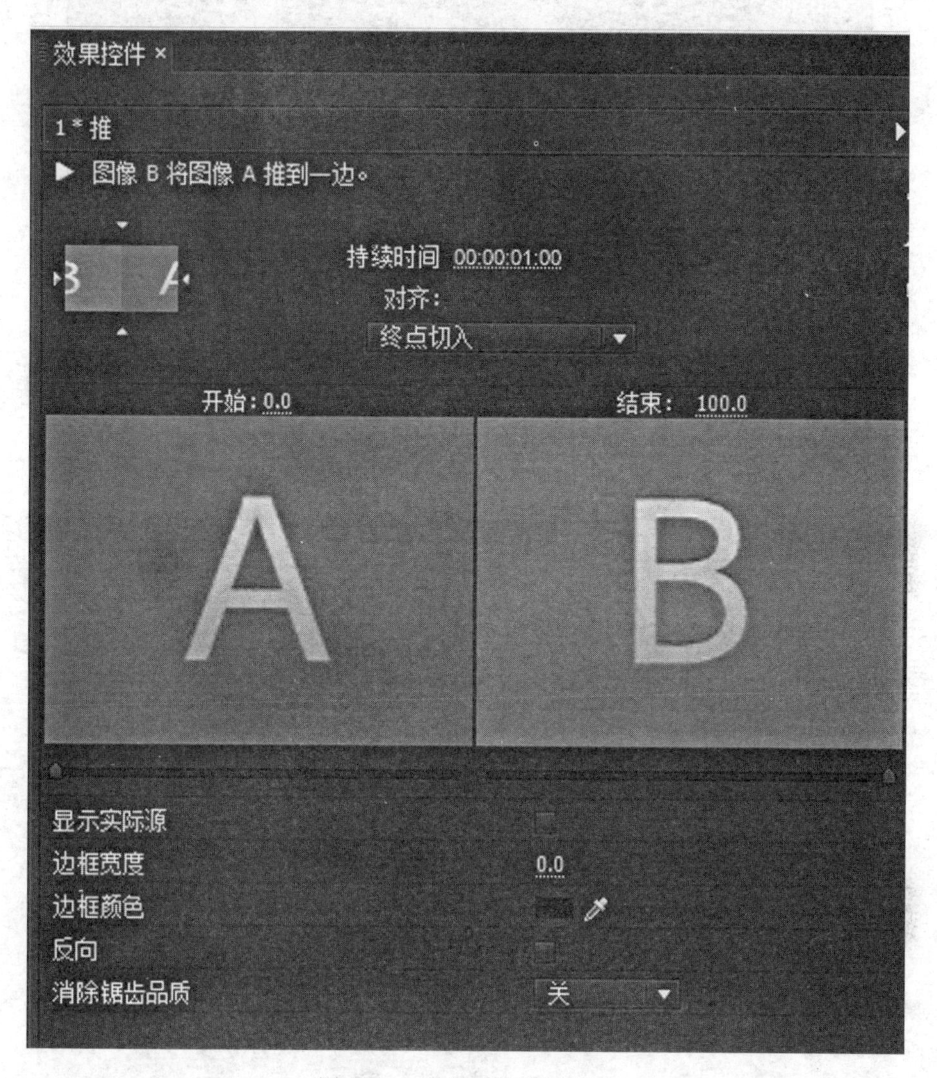


图 4-4-7 设置“推”转场效果

(5)在【效果】面板中，选择“滑动”下的“带状滑动”，并把其拖到序列面板中的“4. jpg、8. jpg”素材之间。然后，在【效果控件】面板中设置参数，将边宽设置为 1，边色设置为白色，单击“自定义”按钮，在弹出的对话框中，将“带数量”设置为 7，如图 4-4-8 所示。

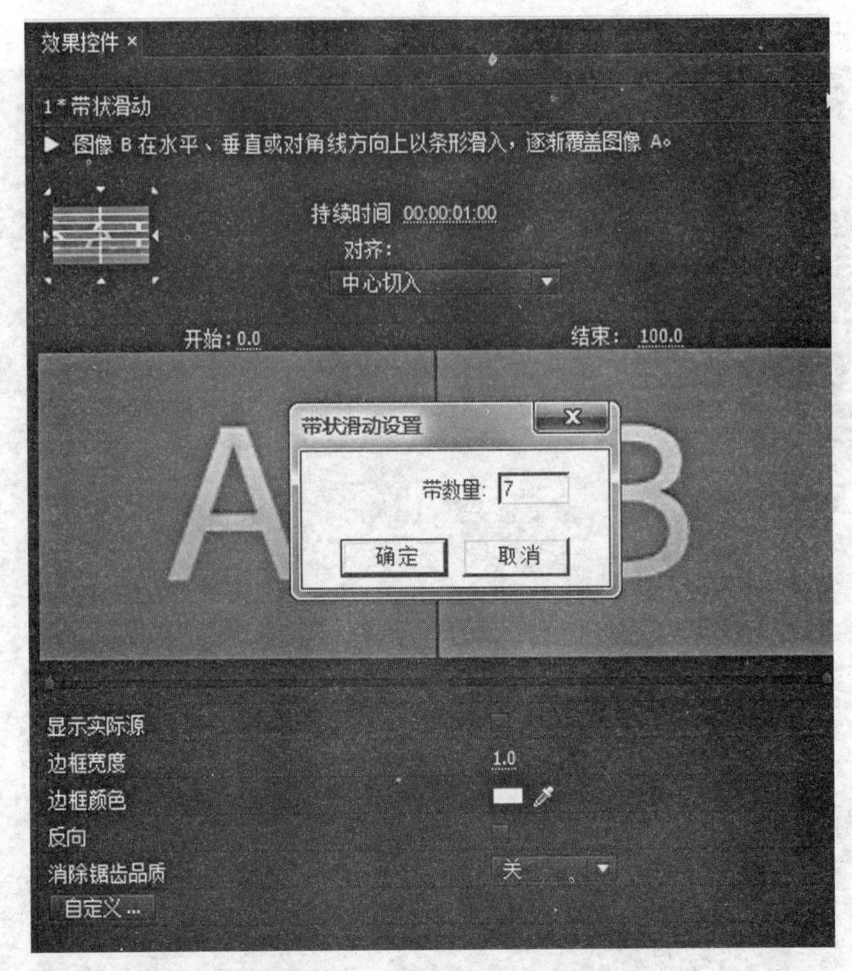


图 4-4-8　设置“带状滑动”转场效果

# 4.5　字　　幕

## 4.5.1　实验目的

掌握静态字幕和动态字幕的创建方法及文字属性的设置。

## 4.5.2　实验预备知识

Premiere CC 中可以添加静态、滚动、游动三种类型的字幕。游动字幕与滚动字幕的区别是运动方向不同，游动字幕向左右运动，滚动字幕则是上下运动。

(1)在字幕编辑器的工具栏中有如下工具：

**选择工具**：可以选中一个物体或文字块，并通过直接拖动对象来改变对象区域和大小。

**输入工具**：可以建立并编辑文字。

**区域文字工具**：用于建立段落文本。

**路径文字工具**：可以建立一段沿路径排列的文本。

**钢笔工具**：可以用其创建复杂的曲线。

**添加定位点工具**：可以在线段上增加控制点。

**删除定位点工具**：可以在线段上减少控制点。

**转换定位点工具**：可以产生一个尖角或用来调整曲线的圆滑程度。

**矩形工具**：绘制矩形。

**楔形工具**：绘制三角形。

**椭圆工具**：绘制椭圆。在绘制时拖动鼠标并同时按住 Shift 键可以绘制出一个正圆。

**旋转工具**：可以旋转对象。

**垂直文本工具**：用于建立竖排文本。

**垂直区域文字工具**：用于建立竖排段落文本。

**路径文字工具**：可以建立一段垂直于路径的文本。

**直线工具**：绘制直线。

(2)在字幕编辑器的“字幕属性”参数栏中有如下选项：

字体大小：设置字体的大小。

高宽比：设置字体的长宽比。

行距：设置行与行之间的行间距。

填充类型：有实底、线性渐变、放射渐变、四色渐变、斜面、消除、重影等供选择。

### 4.5.3 实验设备

Adobe Premiere Pro CC。

### 4.5.4 实验步骤

实验所使用的图像文件素材均存放于“Pr 实验 4”文件夹中。

**1. 创建静态字幕**

(1)在新建项目中导入所需的素材。在菜单栏中选择【字幕】——【新建字幕】——【默认静态字幕】，如图 4-5-1 所示。

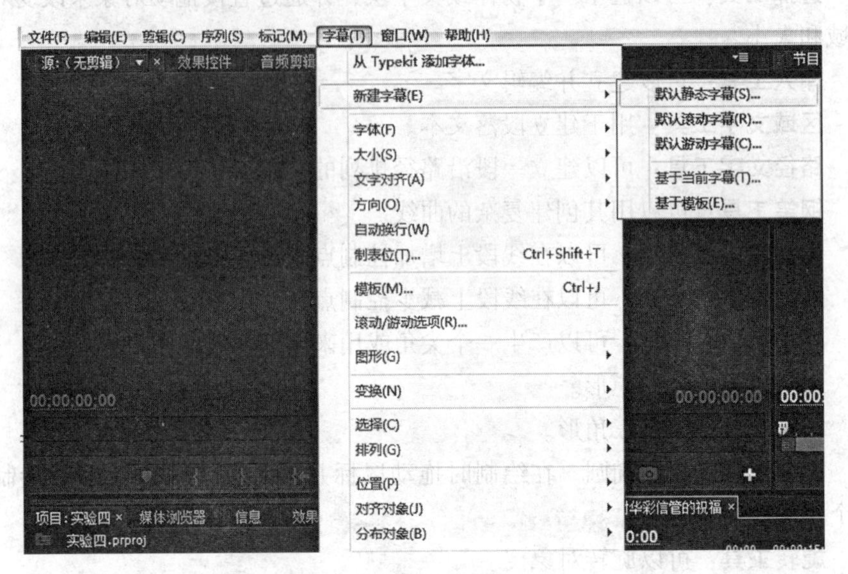


图 4-5-1　选择“字幕”命令

(2)之后会弹出“新建字幕”对话框，在对话框中进行简单的设置即可，如图 4-5-2 所示。

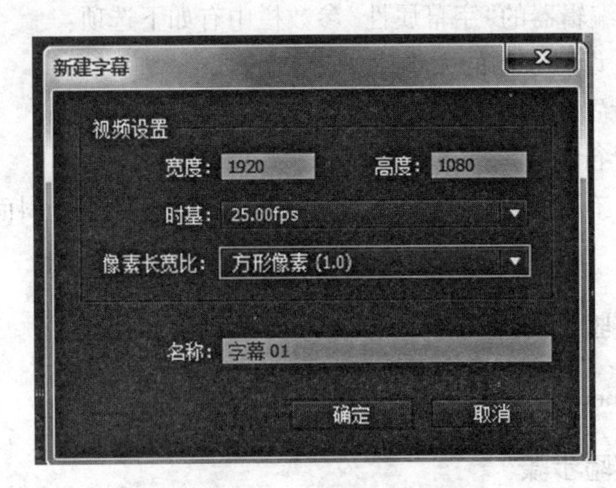


图 4-5-2　“新建字幕”对话框

(3)进行完第2步后便会弹出“字幕编辑器”，如图4-5-3所示。

图4-5-3 “字幕编辑器”

(4)添加所要添加的字幕。点击T文字工具，再在视频画面上单击鼠标左键，并输入字幕“马年很快就要过去了”。然后调整字体，在右边的【字幕属性】下找到【字体样式】，通过下拉菜单选择【黑体】，如图4-5-4所示。

图4-5-4 用“文字工具”添加字幕

(5)用选择工具，把添加的字幕拖到视频画面的底部，如图4-5-5所示。

(6)字幕中的字体过大，需要把字体调小。在【字幕属性】中找到字体大小，把“100.0”改为“80.0”，如图4-5-6所示。

图 4-5-5　用“选择工具”添加拖动字幕

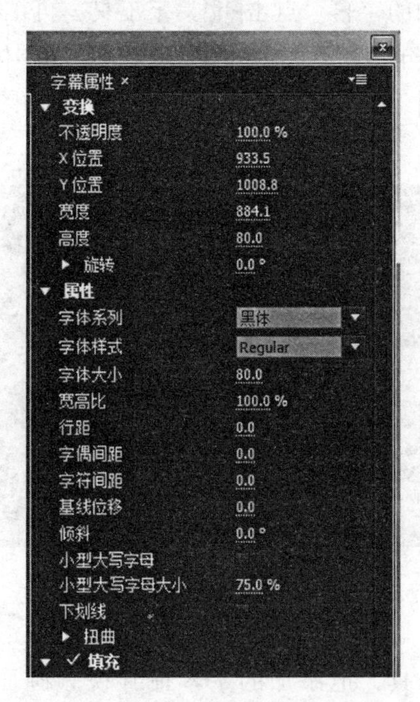


图 4-5-6　更改字体大小

(7) 关掉“字幕编辑器”。把项目面板中的素材“字幕 01”拖曳至时间线上，如图 4-5-7 所示。

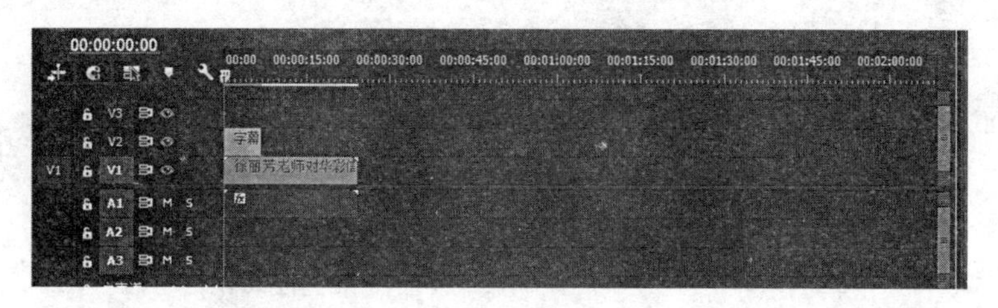


图 4-5-7　拖曳“字幕 01”拖曳至时间线上

(8)点击节目面板中的播放按钮，根据视频调整字幕持续时间，使字幕与视频吻合。此外，因为白色的字幕看起来过于单调，也可以在此处给白色的字幕加一个黑色背景。双击项目面板中的素材“字幕 01”，进入“字幕编辑器”。用“矩形工具”▢在视频画面底部拉出一个矩形，在【字幕属性】找到【填充】项，把【颜色】改为黑色，再点击“选择工具”，选中黑色的矩形后，点击鼠标右键，在出现的菜单中选择【排列】—【移到后端】，最后效果如图 4-5-8 所示。

图 4-5-8　加了黑色背景的字幕

**2. 添加滚动字幕**

(1)在新建的项目中，按住 Ctrl+I 导入图片。接着单击菜单栏的【字幕】—【新建字幕】—【默认滚动字幕】，如图 4-5-9 所示。

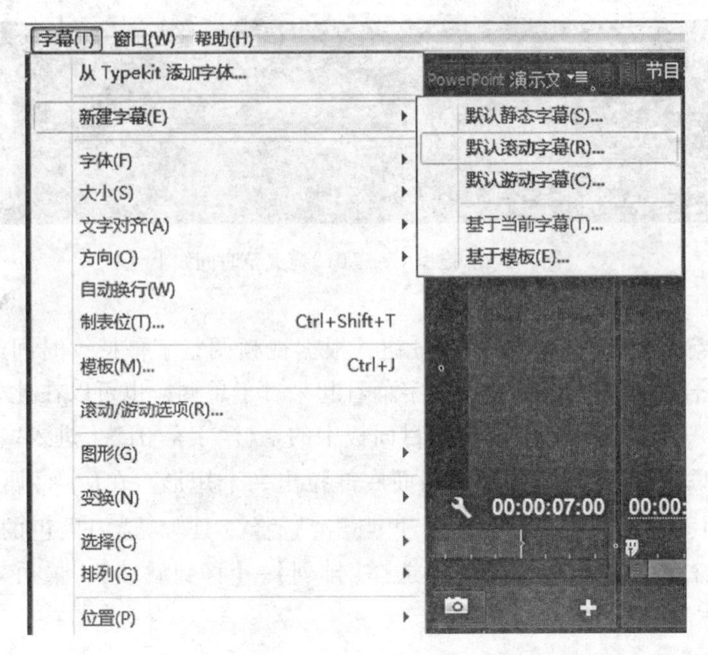


图 4-5-9　“默认滚动字幕”命令

(2)在弹出的对话框中进行简单设置，并把名称改为“滚动字幕”，如图 4-5-10 所示。

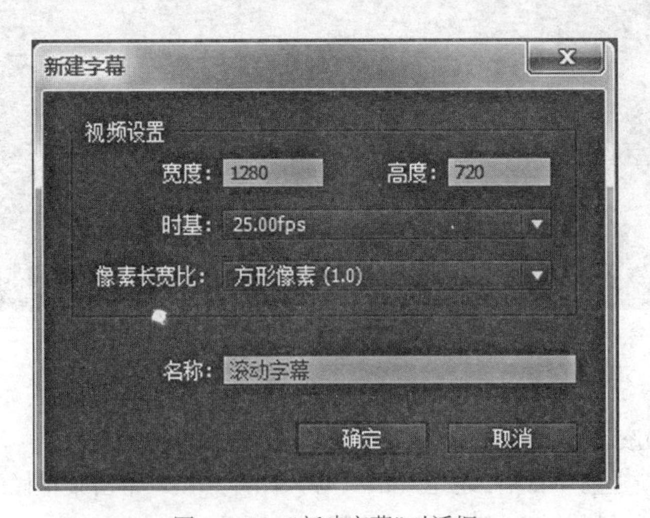


图 4-5-10　“新建字幕”对话框

(3)之后便会弹出“字幕编辑器”，如图 4-5-11 所示。在“字幕编辑器”选择 T 文字工具，并在视频显示区域输入文字。输入文字后，在【字幕属性】更改设置。【字体系列】为黑色，字体大小为 50. 0，行距为 9. 0，如图 4-5-12 所示。

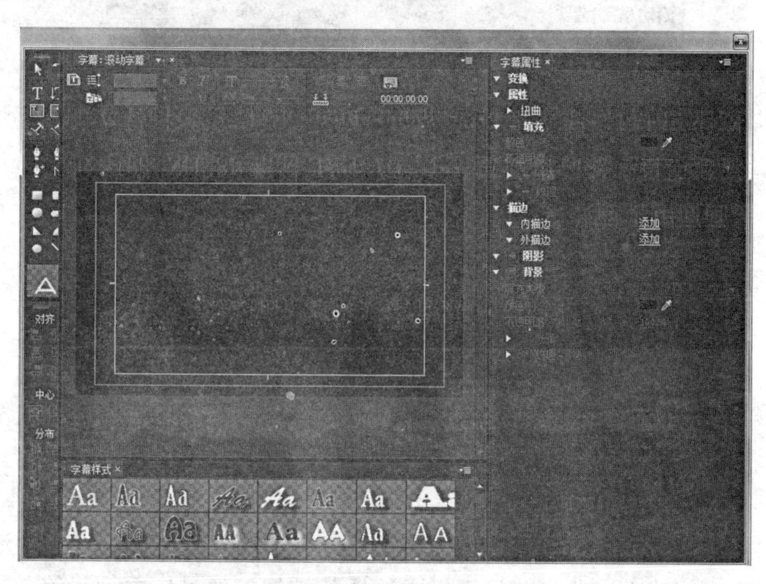


图 4-5-11　“字幕编辑器”界面

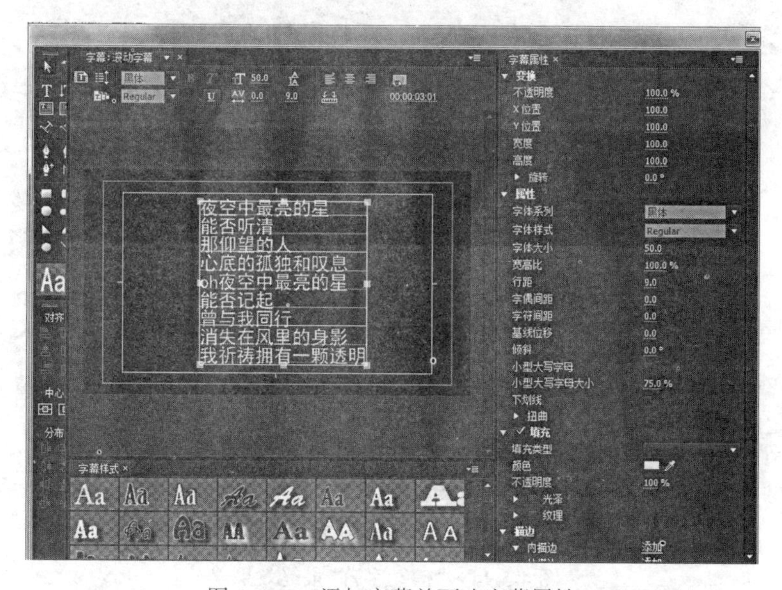


图 4-5-12　添加字幕并更改字幕属性

(4)单击滚动/游动选项，勾选【开始于屏幕外】、【结束与屏幕外】，如图 4-5-13 所示。

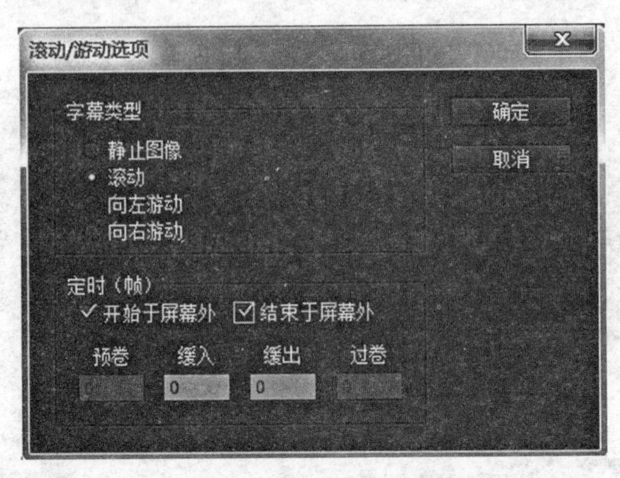


图 4-5-13　“滚动/游动选项”对话框

(5)在点击确定后，关闭“字幕编辑器”。把项目面板中的素材“滚动字幕”拖曳至时间线上，单击节目面板中的播放按钮，便可以看到最终效果。如图 4-5-14 所示。

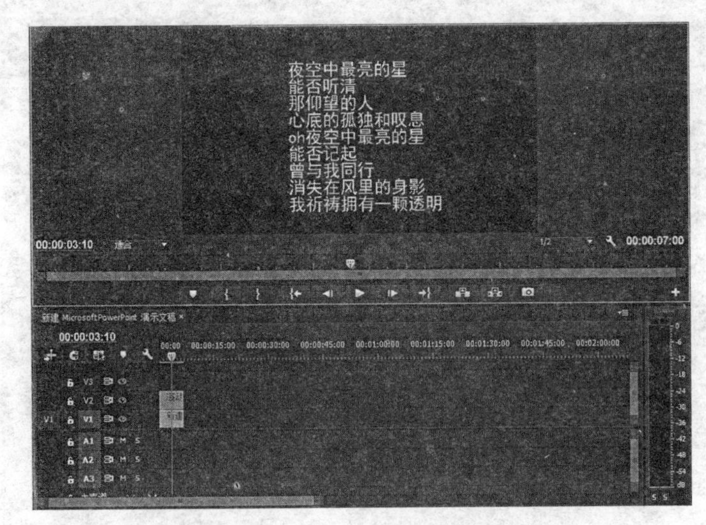


图 4-5-14　“滚动字幕”最终效果

# 4.6 音　频

## 4.6.1 实验目的

熟练掌握为音频添加特效及编辑和设置的方法。

## 4.6.2 实验预备知识

(1)音频的剪辑、调节音频速度的方法与视频的剪辑、调节视频速度的方法是一样的。

(2)在效果面板中，有EQ、多功能延迟、DeNoiser、Reverb、声道音量等几十种特效。其中，通过EQ特效可以调整高低音，多功能延迟特效可以用来做音乐的伴唱效果，DeNoiser特效则可用来减弱音频中常有的嗡嗡的电流声，Reverb特效可以模拟屋内混响效果，声道音量则可以实现左右声道的渐变转化效果。

## 4.6.3 实验设备

Adobe Premiere Pro CC。

## 4.6.4 实验步骤

实验所使用的图像文件素材均存放于“Pr实验5”文件夹中。

**1. 音频的剪辑与合成**

(1)新建项目，按住Ctrl+I导入图片“1.jpg”、“1.1jpg”、“2.jpg”、“3.jpg”和视频“祝福.MP4”、音频“背景音乐.mp3”、“背景音乐2.mp3”、“颁奖音乐.mp3”。

(2)把素材按图片“1.jpg”和“1.1jpg”、视频“祝福.MP4”、图片“2.jpg”和“3.jpg”的顺序拖曳至时间线上，如图4-6-1所示。

图4-6-1　把素材拖曳至时间上

(3)把素材“背景音乐 . mp3”拖曳至时间线的 A2 轨道上。用剃刀工具在 00：00：07：00 把其截断，如图 4-6-2 所示，再把较长的那段删掉。

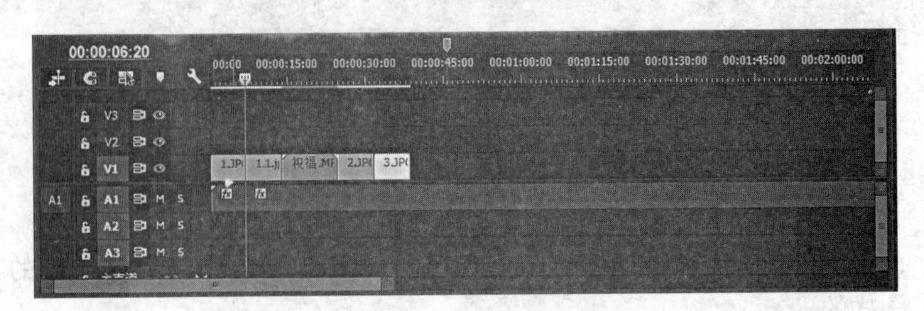


图 4-6-2　用剃刀工具剪切音频

(4)把素材“背景音乐 2. mp3”拖曳至时间线的 A3 轨道上。用剃刀工具在 00：00：14：00 把其截断，如图 4-6-3 所示，再把较长的那段删掉。

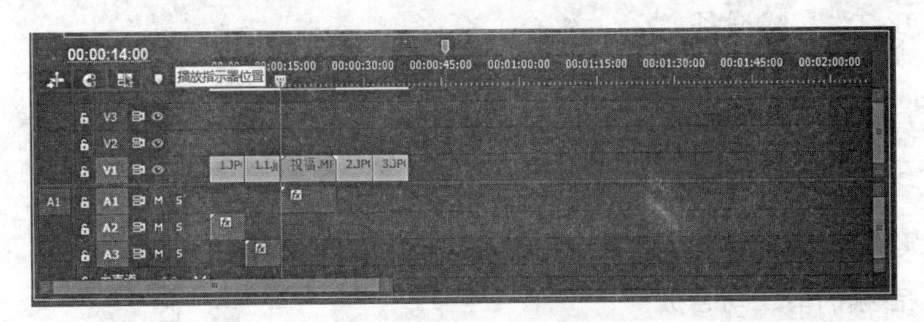


图 4-6-3　用剃刀工具剪切音频

(5)把素材“背景音乐 2. mp3”拖曳至时间线的 A2 轨道上。用剃刀工具在 00：00：31：15 把其截断，如图 4-6-4 所示，再把较长的那段删掉。

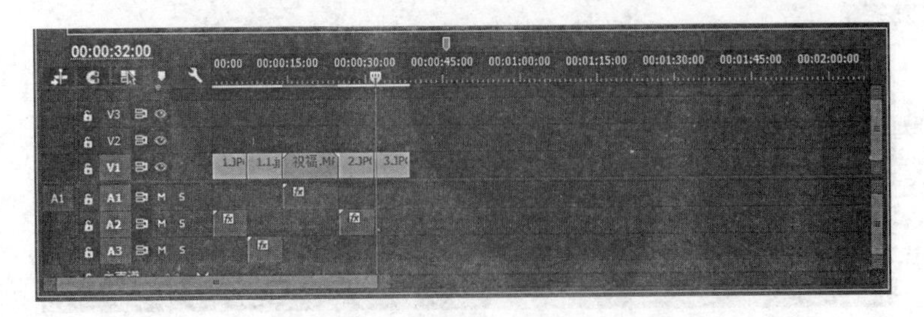


图 4-6-4　用剃刀工具剪切音频

（6）把素材“颁奖音乐 . mp3”拖曳至时间线的 A2 轨道上。用剃刀工具在 00：00：38：15 把其截断，如图 4-6-5 所示，再把较长的那段删掉。

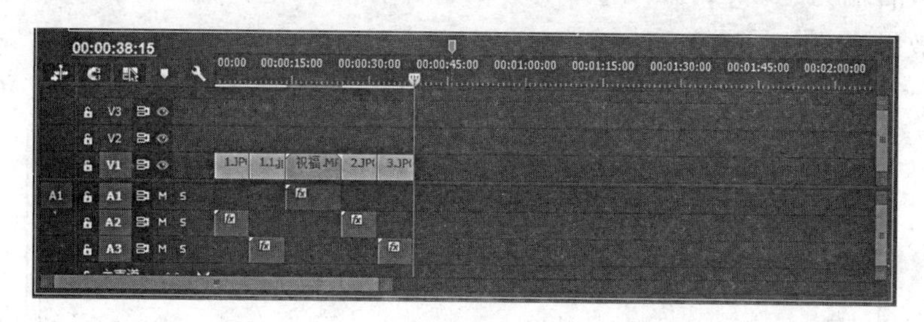


图 4-6-5　用剃刀工具剪切音频

**2. 音频的效果处理**

回响效果：

①新建项目后，导入素材“背景音乐 . mp3”，再把该素材拖曳至时间线 A1 上。

②在效果面板中，找到【音频效果】下的 Reverb（回响），并将其拖至时间线 A1 中的“背景音乐”上，为其增加一个回响特效。

③在时间线 A1 上选中“背景音乐”，并在【效果控件】面板中，找到自定义设置，如图 4-6-6 所示，单击【编辑】，进入剪辑效果编辑器。

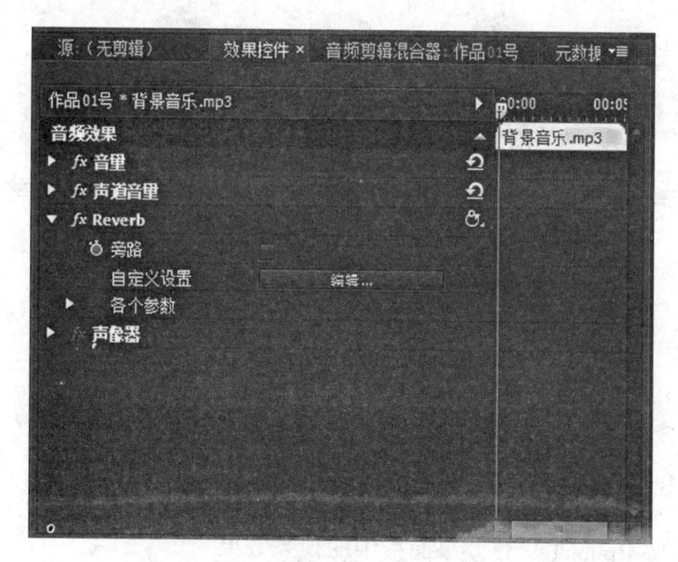


图 4-6-6　效果控件面板

④剪辑效果编辑器中，将 Pre Delay(预延迟)旋钮旋转至最右端为 100ms，将 Absorption(吸收)旋钮旋转至最左端为 0%，将 Mix(混合)旋钮旋转至最右端为 100%，如图 4-6-7 所示，保存后试听，会听到声音有显著的回响效果。

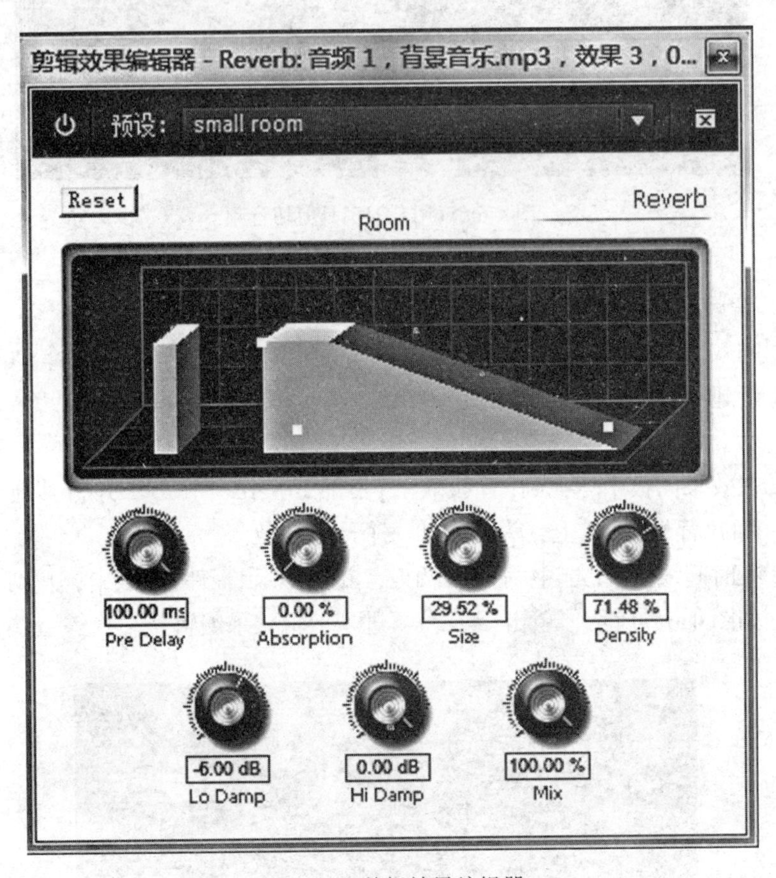


图 4-6-7　剪辑效果编辑器

## 4.7　视频特效

### 4.7.1　实验目的

(1)了解 Premiere CC 效果面板中的视频效果。

(2)掌握镜头光晕等几种视频特效的添加了编辑。

(3)了解 Premiere CC 中的效果控件面板。

(4)掌握多画面墙效果的制作方法。

### 4.7.2 实验预备知识

(1)“视频特效”是置于两个素材之间或是一个素材前后的特效，它有立方体旋转、翻转、交叉划像、圆划像、盒形划像、菱形划像、划出、棋盘、带状擦除、插入、随机快、风车、交叉溶解、渐隐为白色、渐隐为黑色、滑动、交叉缩放、页面剥落等多种过渡效果。

(2)帧，是计算机动画术语，是动画中最小单位的单幅影像画面，相当于电影胶片上的每一格镜头。而关键帧，是计算机将若干帧(一个变化范围)的第一帧和最末帧定义为关键帧。关键帧的作用便是可以标明素材在某一时刻必须具有的属性。在 Premiere CC 中，可以通过效果控制面板以及时间线轨道添加关键帧。

(3)多画面墙效果主要通过“棋盘”、“复制”等视频效果来实现。

### 4.7.3 实验设备

Adobe Premiere Pro CC。

### 4.7.4 实验步骤

实验所使用的图像文件素材均存放于“Pr 实验 6”文件夹中。

**1. 添加镜头光晕效果**

(1)新建项目后，导入素材“4. MOV”，并把其拖至时间线 V1 上。

(2)在【效果面板】下的【视频效果】—【生成】选择【镜头光晕】，并拖曳至时间线 A1 上选中“4. MOV”上。

(3)在时间线 A1 上选中“4. MOV”，并在【效果控件】面板中单击【镜头光晕】的下拉菜单，设置具体参数，光晕中心为-120.0、-30.0，光晕亮度为 100%，镜头类型为 50—300 毫米变焦，与原始图像混合 0%，如图 4-7-1 所示。

(4)添加镜头光晕后的最终效果如图 4-7-2 所示。

图 4-7-1　设置镜头光晕参数

图 4-7-2　添加“镜头光晕”后的效果

**2. 多画面电视墙效果**

(1)新建项目，然后再新建一个“DV-PAL 标准 48kHZ”的序列。

(2)按住 Ctrl+I，导入素材“simxuanchuan. mp4”，并将导入的素材拖至时间线的 V1 轨道中，如图 4-7-3 所示。

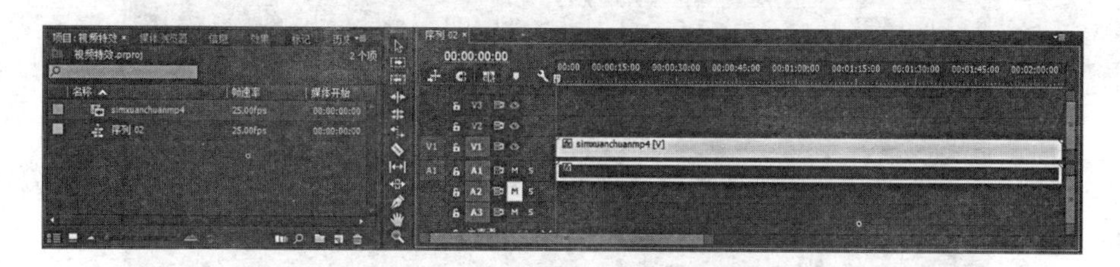


图 4-7-3 把素材拖至时间线上

(3)在 00：01：18：00 处，用剃刀工具将素材分为两段，如图 4-7-4 所示。

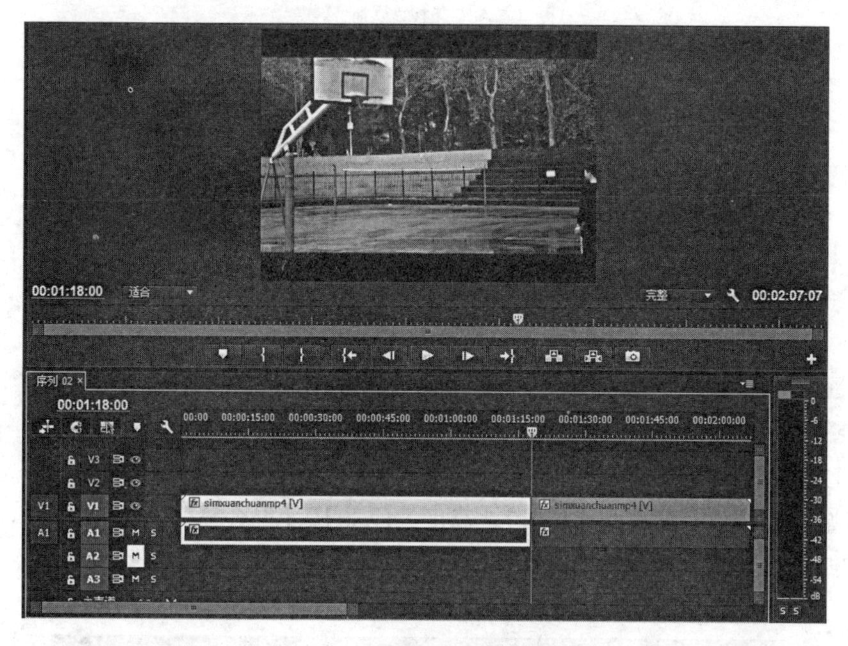


图 4-7-4 把素材分成 2 段

(4)选中时间线 V1 上靠前的素材，在“效果面板”中搜索“复制”，如图 4-7-5 所示，并把该效果添加至时间线上的第一个素材上。在“效果控制面板”中把“计数”设置为 2，则节目面板如图 4-7-6 所示。

图 4-7-5　查找“复制”效果

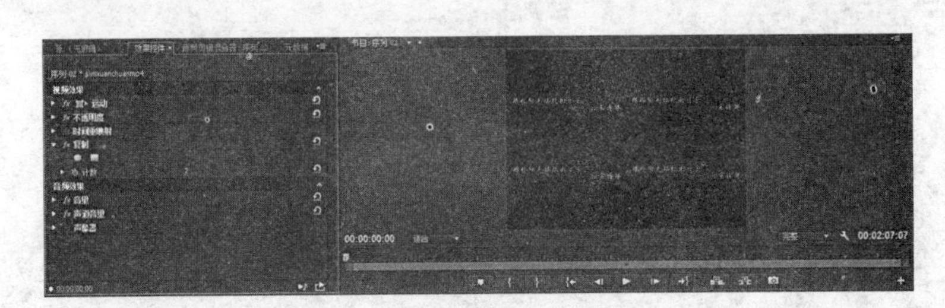

图 4-7-6　设置“计数”

(5)在“效果面板”中搜索“棋盘”，并把该效果添加至时间线上第一个素材上。在“效果控制面板”中，设置【锚点】为(960，0)，【大小依据】为【宽度和高度滑块】，【宽度】为【1001】，高度为【540】，【混合模式】为【差值】，如图 4-7-7 所示。

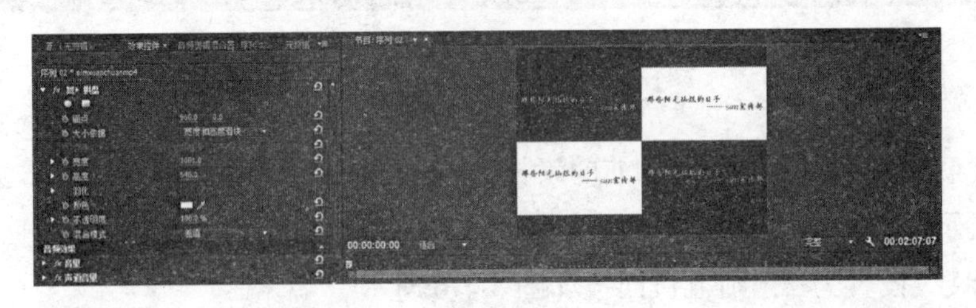

图 4-7-7　添加并设置棋盘效果

(6)设置当前时间为00：00：26：01，设置“效果控制”面板下【棋盘】区域中的【混合模式】为【相乘】，如图4-7-8所示。

图4-7-8 设置第二处【棋盘】效果关键帧

(7)把时间线轨道V1上第二个素材文件拖曳至轨道V2上的00：00：26：00处，如图4-7-9所示。

图4-7-9 移动第二个素材文件至轨道V2上

(8)设置当前时间为00：00：26：00，选中时间线V2上的素材，在“效果”面板中搜索“复制”效果，并添加到该素材中，在“效果控制面板”中把“计数”设置为2。在“效果面板”中搜索“棋盘”，并把该效果添加至时间线上第二个素材上。在“效果控制面板”中，设置【锚点】为(1960，0)，【大小依据】为【宽度和高度滑块】，【宽度】为【1001】，高度为【540】，【混合模式】为【模板Alpha】，如图4-7-10所示。

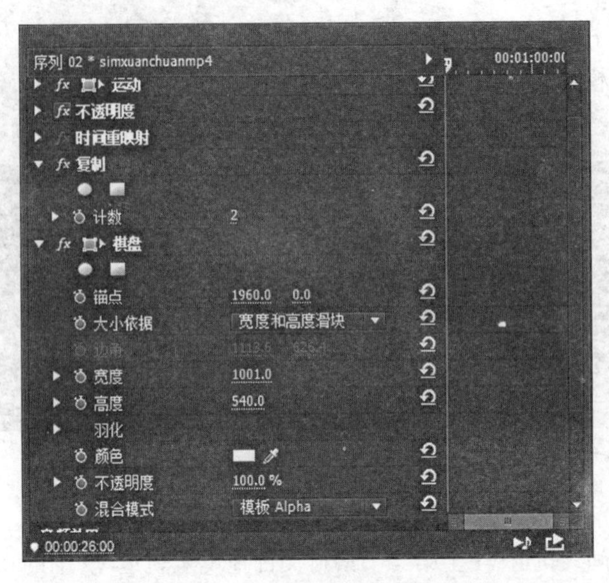


图 4-7-10　在效果控件中设置参数

(9)设置当前时间为00：00：26：01，选中时间线V2上的素材，在“效果控制面板”中，设置【锚点】为(1960，0)，【大小依据】为【宽度和高度滑块】，【宽度】为【1001】，高度为【540】，如图4-7-11所示。

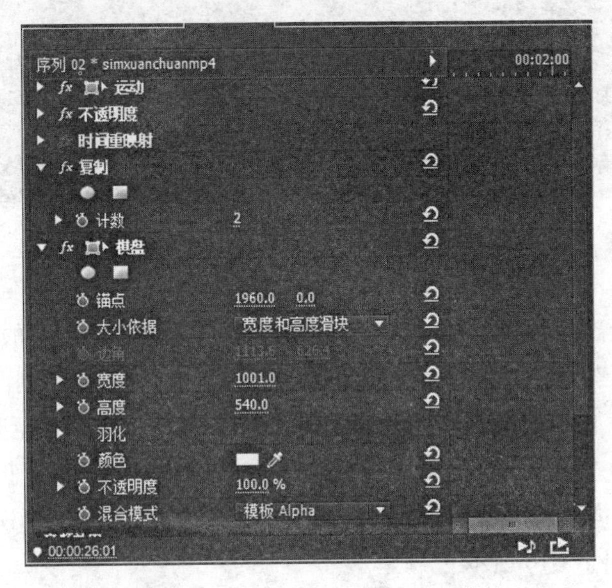


图 4-7-11　在效果控件中设置参数

(10)设置完成后，可以在节目面板中单击播放预览效果。在00：00：00：01处的效果如图4-7-12所示，在00：00：26：00处的效果如图4-7-13所示。

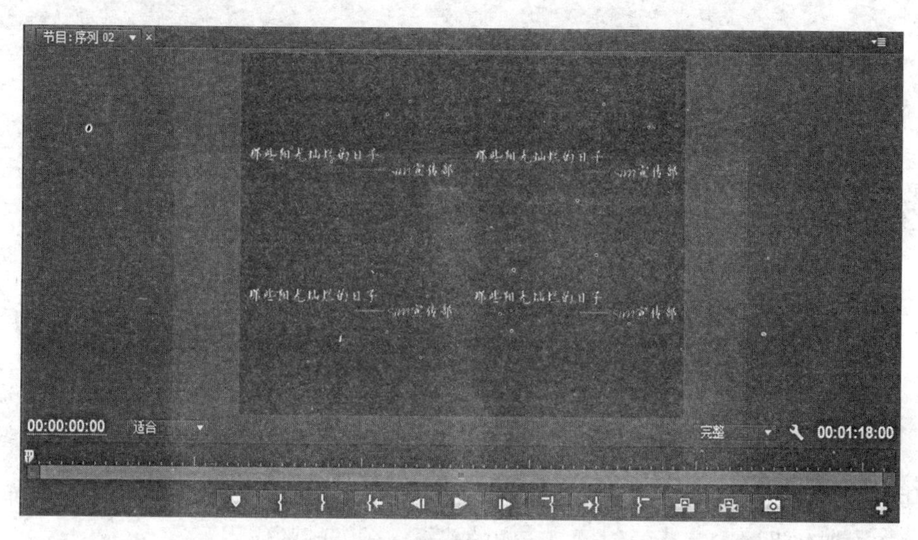


图4-7-12　在00：00：00：01处的效果

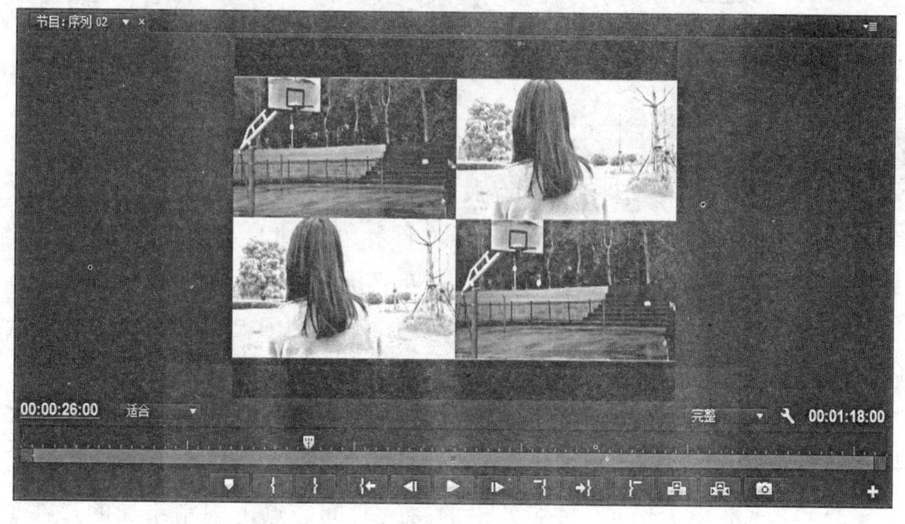


图4-7-13　在00：00：26：00处的效果

# 4.8　综合实验(一)

## 4.8.1　实验目的

(1)熟悉 Premiere CC 中导入素材的方法。

(2)熟悉 Premiere CC 中视频的编辑方法。

(3)熟悉字幕的创建和编辑方法。

(4)掌握为视频添加背景音乐的方法。

(5)熟悉视频过渡效果和视频效果的应用。

## 4.8.2　实验预备知识

本实验通过一段视频的制作，来综合应用前面六个实验中所学到的知识，其中包括素材的导入、工具面板中各种工具的使用方法，视频剪辑的方法、特效的添加和设置、字幕的创建、音频的剪辑、关键帧的应用等。

## 4.8.3　实验设备

Adobe Premiere Pro CC。

## 4.8.4　实验步骤

实验所使用的图像文件素材均存放于“Pr 实验 7”文件夹中。

(1)新建项目后，单击菜单栏中的【文件】—【新建】—【序列】，在弹出的“新建序列”对话框中，选择“DV-PAL”下的“宽屏 32kHz”，如图 4-8-1 所示。

(2)按住 Ctrl+I 导入素材。把素材“MVI_ 0791. MOV”拖到时间线上，并剪裁素材。截取的时间段为 00：00：15：08 至 00：00：16：05。

(3)添加过渡效果。在效果面板中搜索“渐隐为黑色”，并把其效果拖曳至时间线上 v1 轨道的前端，效果如图 4-8-2 所示。

(4)更改“渐隐为黑色”过渡效果的持续时间。点击刚刚添加的过渡效果，在【效果控件】面板上，把持续时间改为“00：00：00：15”，如图 4-8-3 所示。

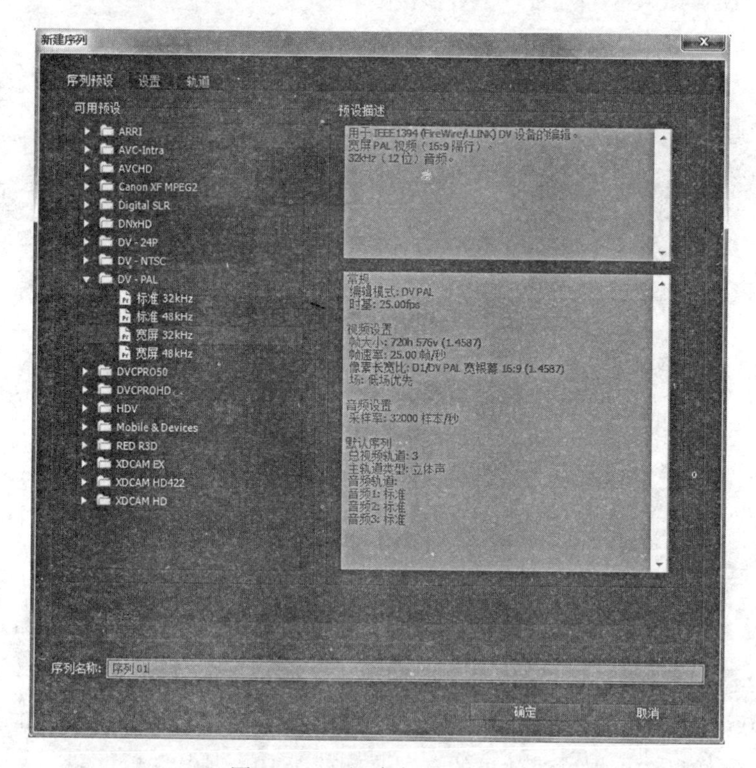


图 4-8-1 “新建序列”对话框

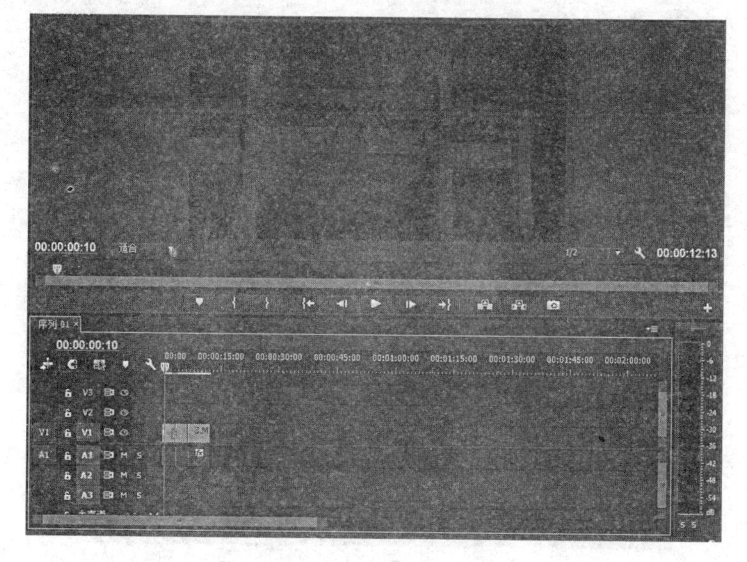


图 4-8-2 添加视频过渡效果

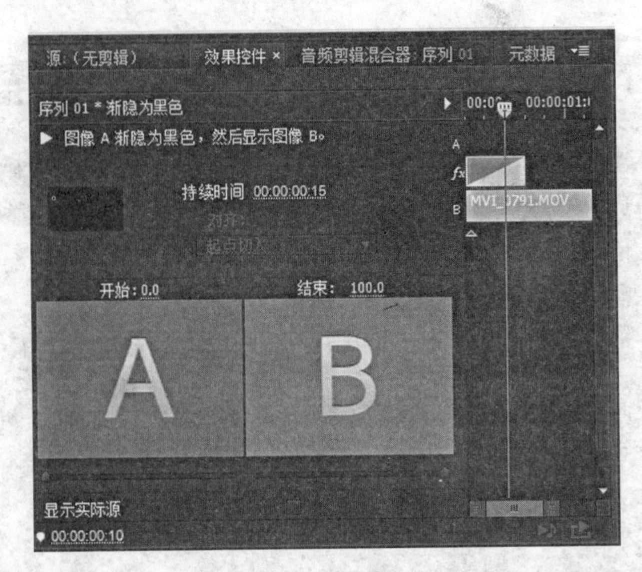


图 4-8-3　更改“渐隐为黑色”过渡效果的持续时间

(5) 再把素材“2. MOV”拖曳至时间线上。截取的时间段为 00：00：04：20 至 00：00：06：15。并在素材“MVI_0791. MOV”与“1. MOV”直接添加“渐隐为黑色”过渡效果，再把过渡效果的持续时间改为“00：00：01：10”。

(6) 把素材“3. MOV”拖曳至时间线上。截取的时间段为 00：00：24：20 至 00：00：30：00，如图 4-8-4 所示。

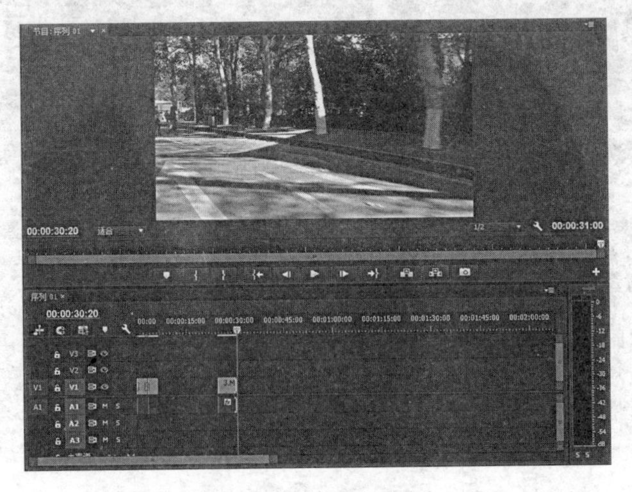


图 4-8-4　剪切视频

(7)把素材“3. MOV”拖曳至素材“2. MOV”的后面，在素材“2. MOV”和素材“3. MOV”之间添加“渐隐为黑色”过渡效果，并把过渡效果的持续时间改为“00：00：02：05”。

(8)在素材“3. MOV”单击鼠标右键，在出现的菜单中，选择【速度/持续时间】，在弹出的对话框中，把速度调为70%，如图4-8-5所示。

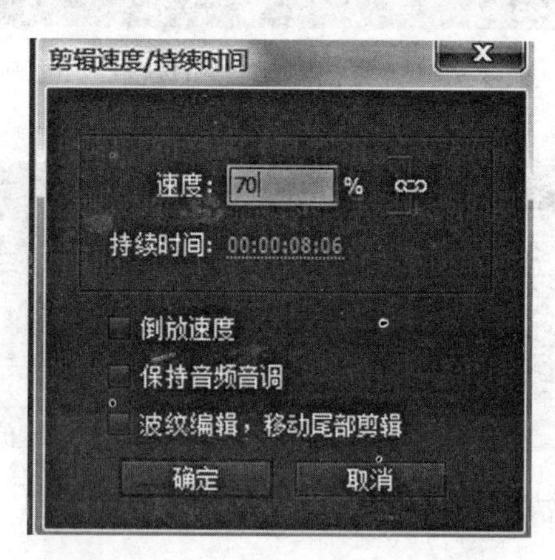


图4-8-5　设置“剪辑速度/持续时间”

(9)把素材“4. MOV”拖曳至时间线，截取的时间段为00：00：18：20至00：00：39：05，再用剃刀工具在00：00：26：24把素材“4. MOV”截成2段，如图4-8-6所示。

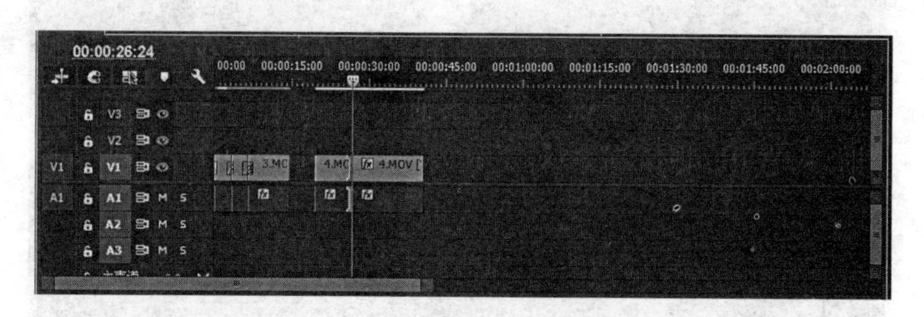


图4-8-6　设置把素材“4. MOV”截成2段

(10)再用剃刀工具在00：00：30：10把素材截断，如图4-8-7所示。在截成3段素材的中间的素材上点击鼠标右键，选择清除。再把其余的2段素材移到素材“3. MOV”之后，如图4-8-8所示。

(11)再设置素材“4. MOV”(2个)的持续时间，设置速度为80%。

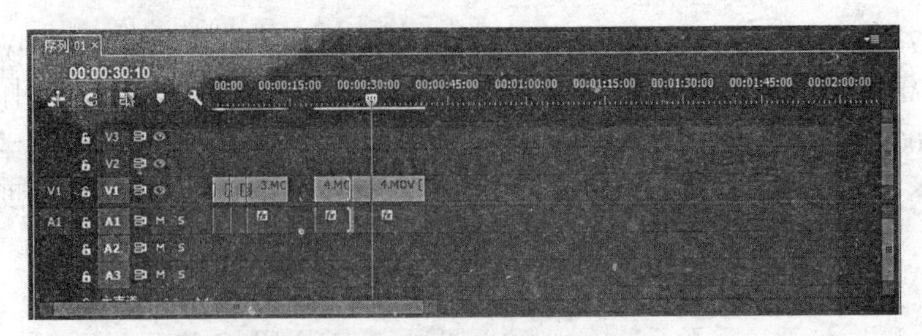


图 4-8-7　设置把素材“4. MOV”截成 3 段

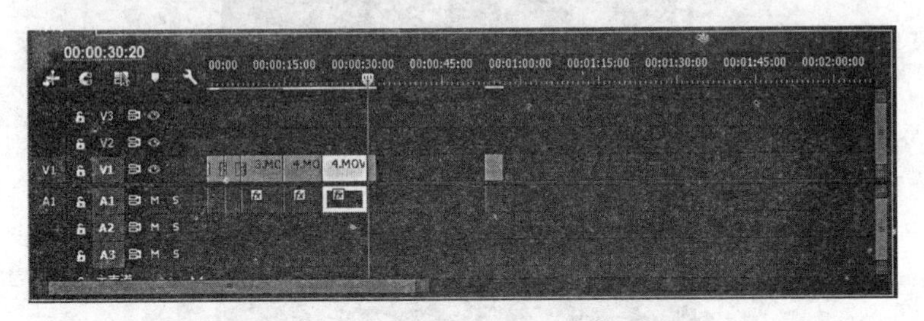


图 4-8-8　把其余的 2 段素材移到素材“3. MOV”之后

（12）把素材“5. MOV”拖曳至时间线，截取的时间段为 00：00：51：15 至 00：01：11：15，如图 4-8-9 所示，再把其拖至素材“4. MOV”后面。

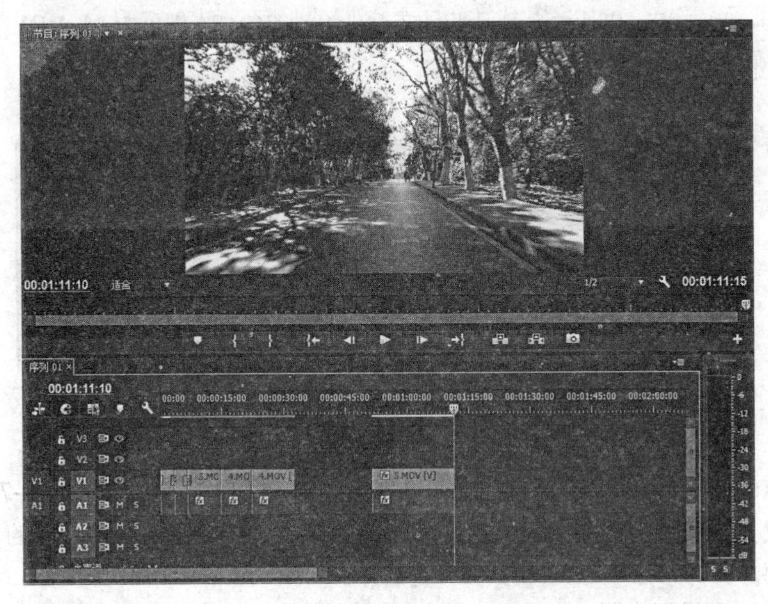


图 4-8-9　剪切素材“5. MOV”

(13)把素材“6. MOV”拖曳至时间线，并截取的时间段为 00：00：59：00 至 00：01：17：01，如图 4-8-10 所示，再把其拖至素材“5. MOV”的后面。

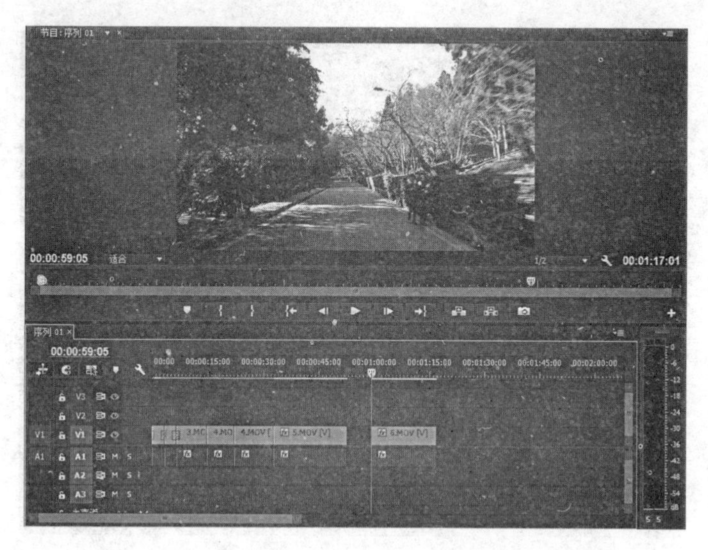


图 4-8-10　剪切素材“6. MOV”

(14)把素材“7. MOV”拖曳至时间线，截取的时间段为 00：01：29：00 至 00：01：37：14，如图 4-8-11 所示，再把其拖至素材“6. MOV”的后面。

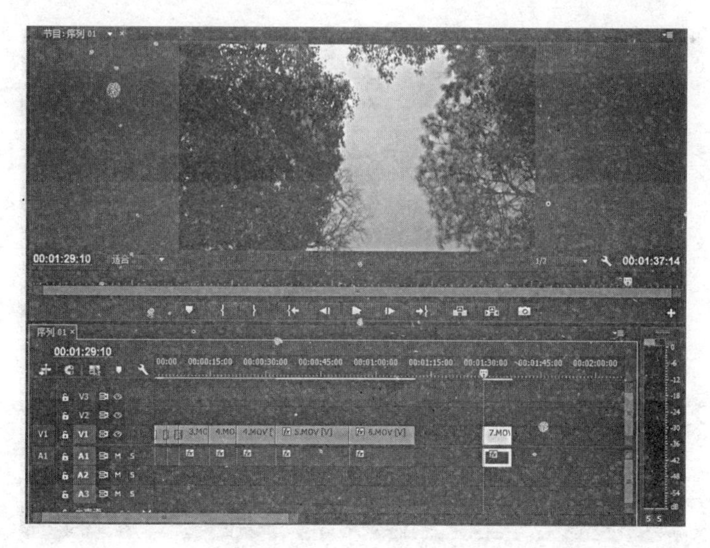


图 4-8-11　剪切素材“7. MOV”

(15)把素材“8. MOV”拖曳至时间线，截取的时间段为 00：01：21：14 至 00：01：28：23，如图 4-8-12 所示，再把其拖至素材“7. MOV”的后面。

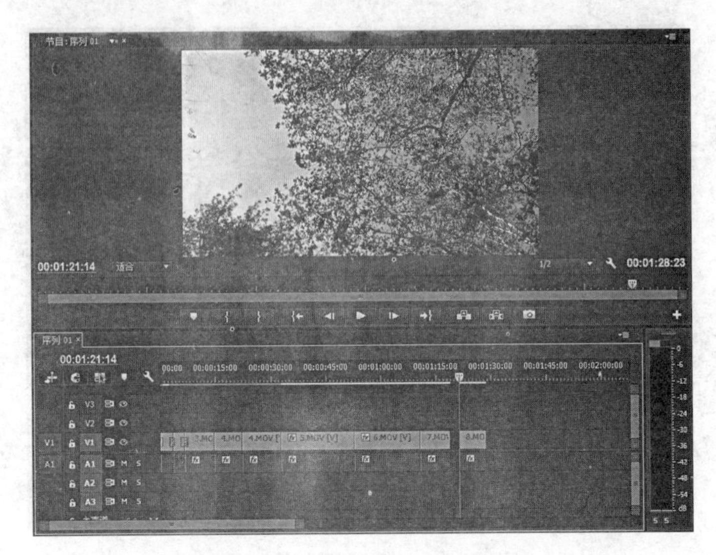


图 4-8-12　剪切素材“8. MOV”

(16)把素材“9. MOV”拖曳至时间线，截取的时间段为 00：02：15：12 至 00：02：04：19，如图 4-8-13 所示，再把其拖至素材“8. MOV”的后面。

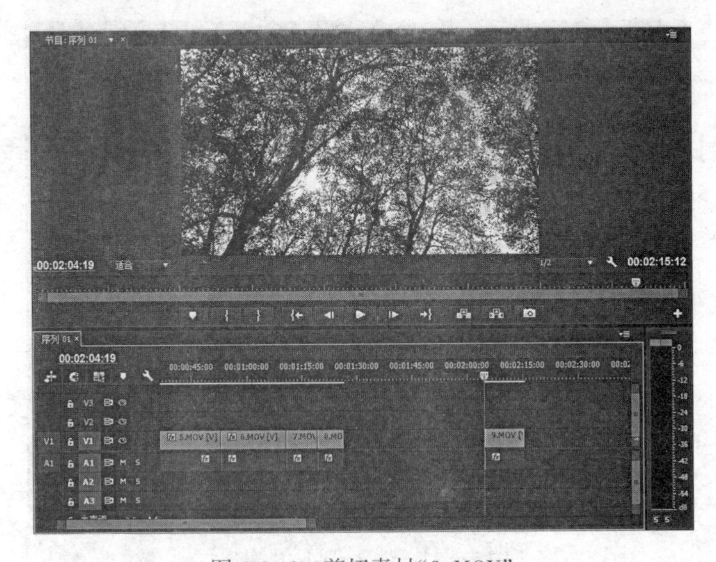


图 4-8-13　剪切素材“9. MOV”

(17)按住 Ctrl+I 导入音频文件“综合实验一背景音乐 . mp3”，并把该素材拖曳至时间线 A1 轨道上。

(18)在“效果”面板中找到“镜头效果”，拖曳至时间线轨道 V1 上的素材“3. MOV”上，在“控件面板”上设置如下参数：【光晕中心】为(-130，800)，【光晕亮度】为【120】；再从“效果”面板中拖曳“镜头效果”至时间线轨道 V1 上的素材“3. MOV”上，并在“控件面板”上设置如下参数：【光晕中心】为(2100，100)，【光晕亮度】为【140】，如图 4-8-14 所示。效果如图 4-8-15 所示。

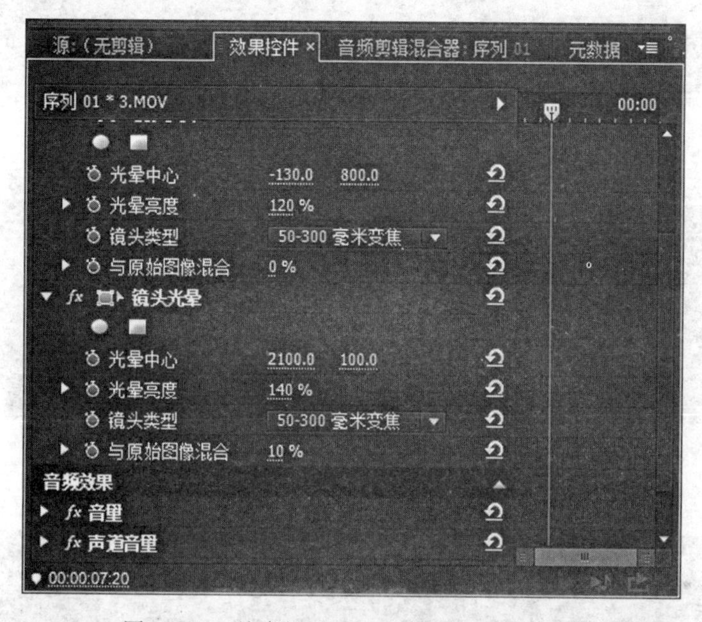

图 4-8-14　给素材“3. MOV”添加 “光晕效果”

图 4-8-15　给素材“3. MOV”添加 “光晕效果”后的效果

(19)分别给时间线轨道 V1 上的素材“4. MOV”、“5. MOV”、“6. MOV”、“7. MOV”、“8. MOV” “9. MOV”添加“镜头光晕”效果，具体步骤同与步骤 17 一致，具体参数如图 4-8-16 至图 4-8-21 所示。

图 4-8-16　给素材“4. MOV”添加 “光晕效果”后的效果

图 4-8-17　给素材“5. MOV”添加 “光晕效果”后的效果

图 4-8-18　给素材“6. MOV”添加 “光晕效果”后的效果

图 4-8-19　给素材“7. MOV”添加 “光晕效果”后的效果

图 4-8-20 给素材“8. MOV”添加“光晕效果”后的效果

图 4-8-21 给素材“9. MOV”添加“光晕效果”后的效果

(20)在菜单栏里选择【字幕】—【新建字幕】—【默认静态字幕】，新建一个名为“字幕 01”的字幕，在弹出的对话框中，用T文字工具，拖出文字框，输入“信管日记”，然后在右边的字幕属性中更改设置：【字体系列】为【叶根友毛笔行书】，【字体大小】为【190】，如图 4-8-22 所示。之后选择“信管日记”文字框，再分别单击左边的“垂直居中”、“水平居中”，效果如图 4-8-23 所示。

图 4-8-22 更改字幕属性

图 4-8-23　添加的字幕的效果

(21)把“字幕 01”拖曳到素材“2. MOV”上方(即时间线 V2 轨道上)，然后在“效果”面板中找到“叠加溶解”，把“叠加溶解”的特效拖曳至时间线轨道 V2“字幕 01”的前方，并设置其【持续时间】为 00：00：00：15，如图 4-8-24 所示。

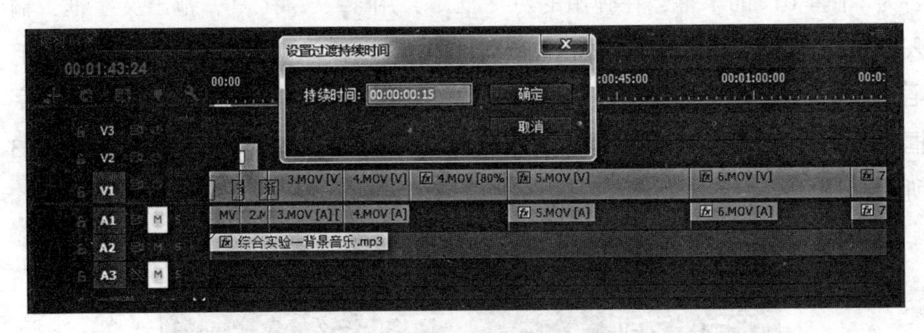


图 4-8-24　设置“字幕 01”的持续时间

(22)把“字幕 02”拖曳到素材“9. MOV”上方(即时间线 V2 轨道上)，然后在“效果”面板中找到“叠加溶解”，依次把“叠加溶解”的特效拖曳至时间线轨道 V2“字幕 02”的前方和后方，并设置【持续时间】为 00：00：00：15，如图 4-8-25 所示。

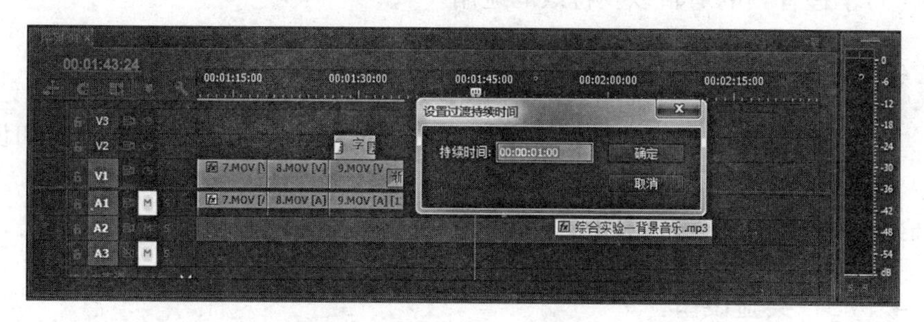


图 4-8-25　设置“字幕 01”持续时间

(23)把时间设置为 00：00：31：11，用剃刀工具在此把时间线上 A1 轨道的素材音频截成两段，把第一段删掉，把第二段移至 00：00：00：00 处。把时间设置为 00：01：35：10，用剃刀工具在此把时间线上 A1 轨道的素材音频截成两段，把第二段删掉。在“效果面板”，找到“指数淡化”效果，并将其拖曳到时间线 A1 的素材音频的末端，如图 4-8-26 所示。

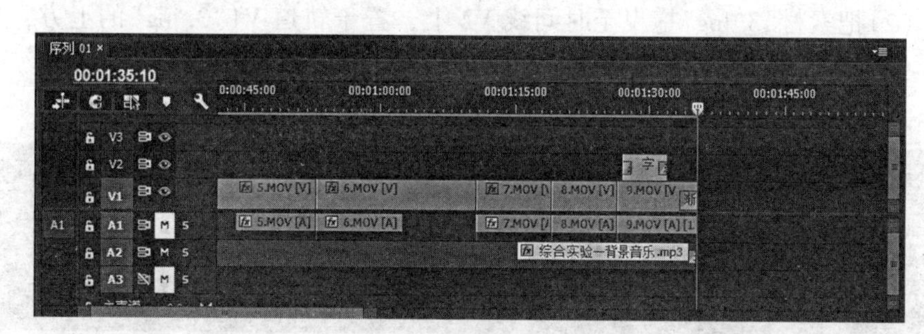


图 4-8-26　为时间线 A1 上的素材音频添加过渡效果

# 4.9　综合实验(二)

## 4.9.1　实验目的

(1)熟悉 Premiere CC 的各类面板。
(2)掌握 Premiere CC 中视频过渡效果的使用、设置方法。
(3)掌握关键帧的添加和运用。
(4)掌握字幕的创建和设置。

(5)掌握音频的剪辑以及特效的应用。

### 4.9.2　实验预备知识

本实验通过电子相册的制作，来综合应用前面六个实验中所学到的知识，其中包括素材的导入、工具面板中各种工具的使用方法，视频剪辑的方法、特效的添加和设置、字幕的创建、音频的剪辑、关键帧的应用等。

### 4.9.3　实验设备

Adobe Premiere Pro CC。

### 4.9.4　实验步骤

实验所使用的图像文件素材均存放于“Pr 实验 8”文件夹中。

(1)新建项目，再新建一个“DV-PAL 宽屏 48kHz”的序列。按住 Ctrl+I 导入素材 15 张图片，“1. jpg”至“15. jpg”，再把这 15 个素材按顺序拖曳至时间线 V1 上。

(2)把素材“3. jpg”拖曳至时间线 V2 上，置于轨道 V1“3. jpg”的上方，如图 4-9-1 所示。

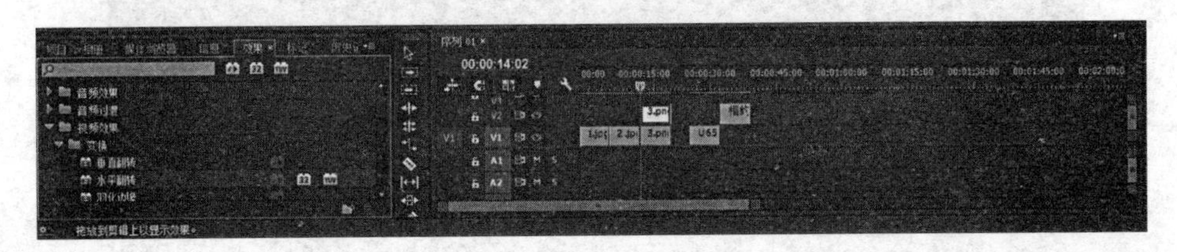

图 4-9-1　把素材“3. jpg”拖曳至时间线 V2 上

(3)选择轨道 V1“3. jpg”，在“效果面板”把【位置】设置为(180，288)，【缩放】为【65】；选择轨道 V2“3. jpg”，在“效果面板”把【位置】设置为(550，288)，【缩放】为【65】。在节目面板上的效果如图 4-9-2 所示。

(4)在“效果”面板中把“水平翻转”拖曳至轨道 V2“3. jpg”，在节目面板上的效果如图 4-9-3 所示。

(5)同时选中轨道 V1“3. jpg”和轨道 V2“3. jpg”，单击鼠标右键，选择【嵌套】，则两个“3. jpg”变为“嵌套序列 01”。

图 4-9-2　设置“3. jpg”的视频效果

图 4-9-3　同一张图片拼接后的效果

(6)在时间线上选择“1. jpg”，再在“效果面板”把【位置】设置为(352, 288)，【缩放】为【69】，如图 4-9-4 所示。

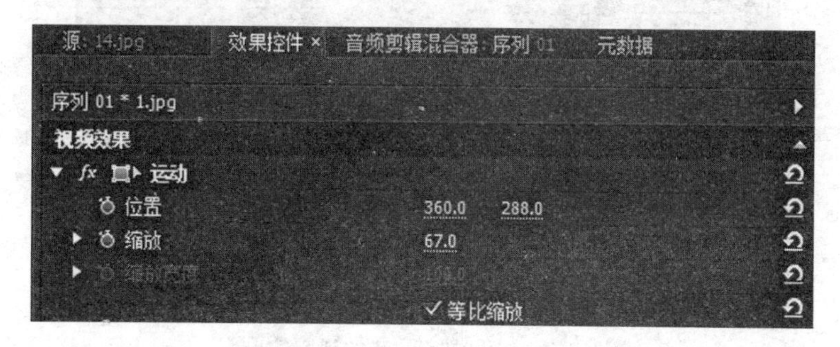


图 4-9-4　设置“1. jpg”的视频效果

(7)设置“2. jpg”—“15. jpg”的视频效果，设置参数如图 4-9-5 至图 4-9-6 所示，设置步骤同步骤 2。

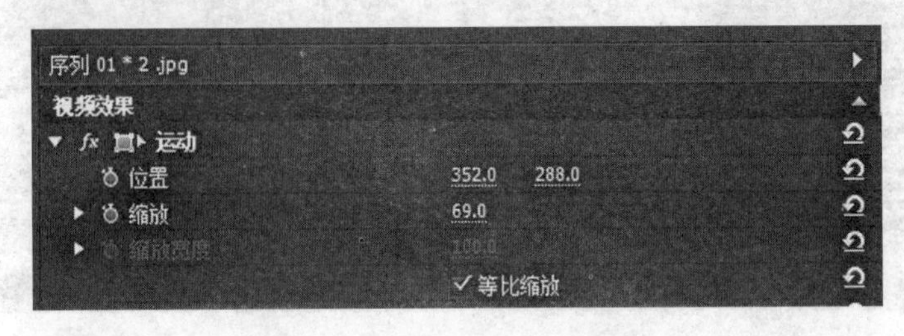


图 4-9-5　设置“2. jpg”的视频效果

图 4-9-6　设置“4. jpg”的视频效果

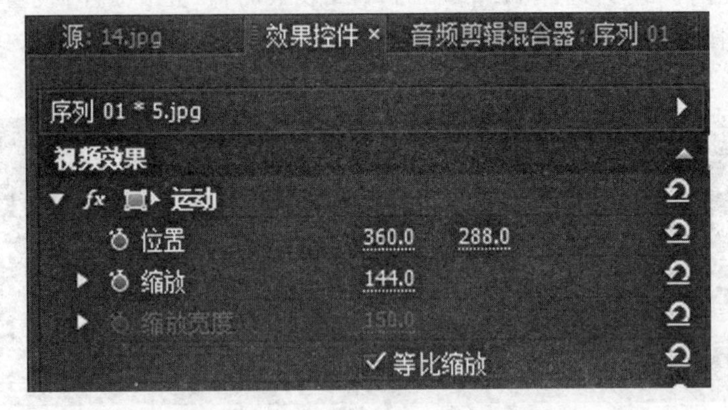


图 4-9-7　设置“5. jpg”的视频效果

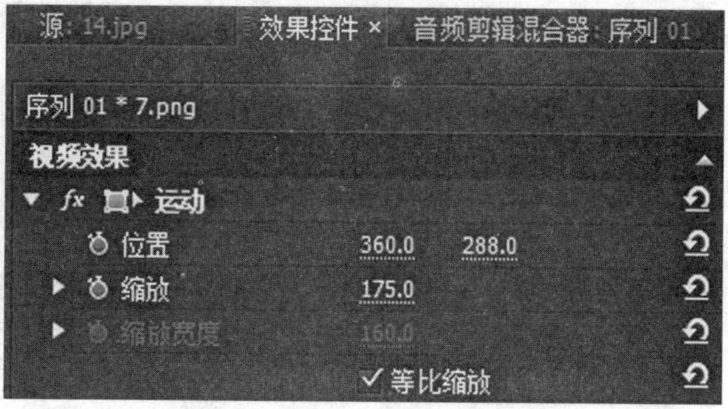

图 4-9-8 设置“7. jpg”的视频效果

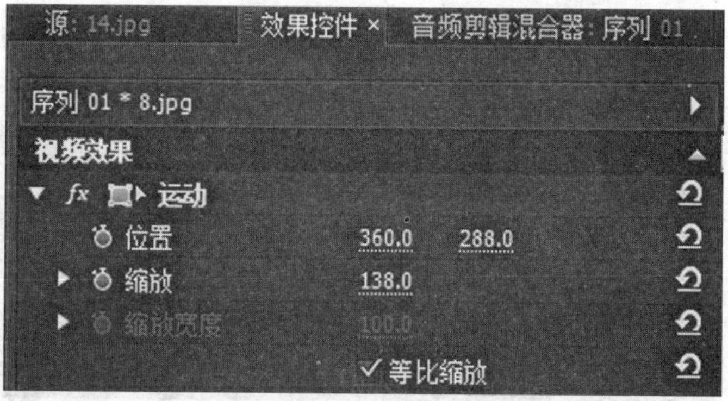

图 4-9-9 设置“8. jpg”的视频效果

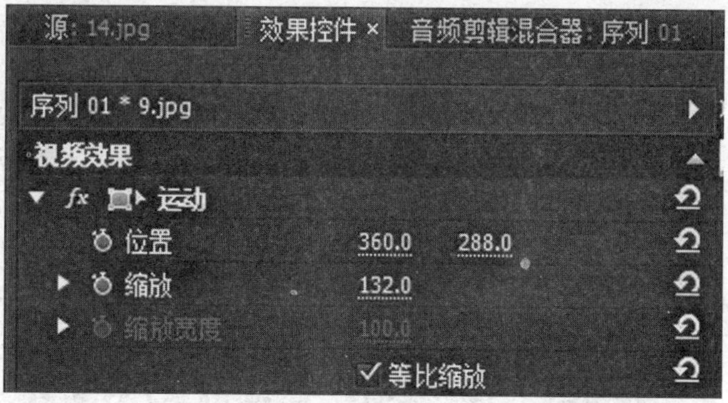

图 4-9-10 设置“9. jpg”的视频效果

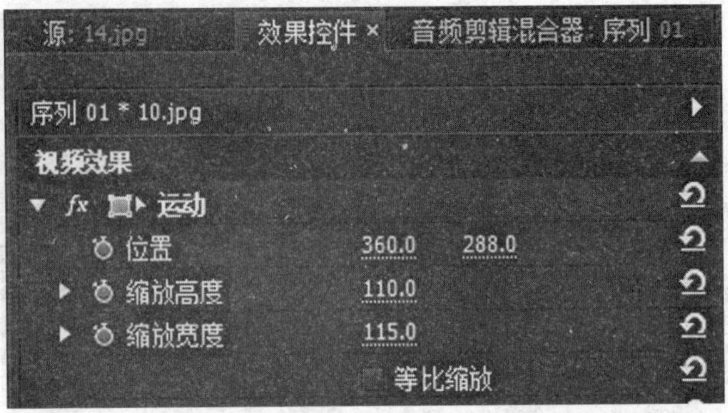

源：14.jpg　效果控件 ×　音频剪辑混合器：序列 01
序列 01 * 10.jpg
视频效果
fx 运动
位置　360.0　288.0
缩放高度　110.0
缩放宽度　115.0
等比缩放

图 4-9-11　设置“10. jpg”的视频效果

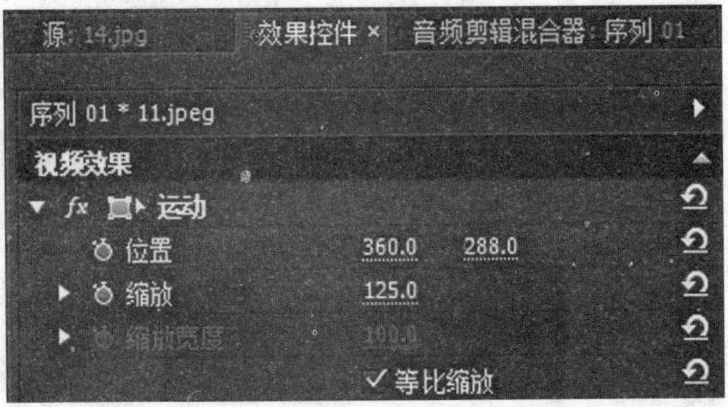

源：14.jpg　效果控件 ×　音频剪辑混合器：序列 01
序列 01 * 11.jpeg
视频效果
fx 运动
位置　360.0　288.0
缩放　125.0
缩放宽度　100.0
✓ 等比缩放

图 4-9-12　设置“11. jpg”的视频效果

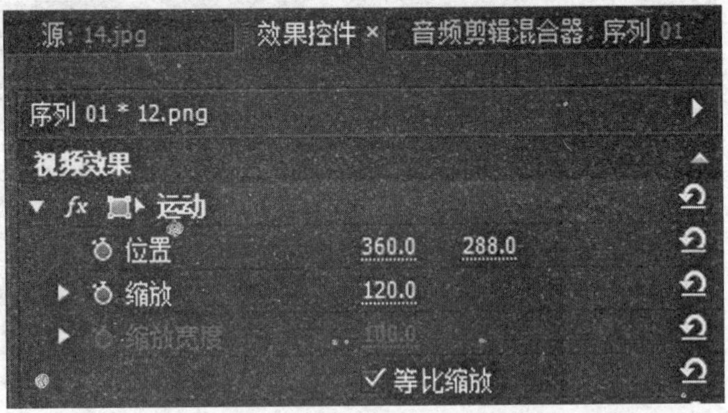

源：14.jpg　效果控件 ×　音频剪辑混合器：序列 01
序列 01 * 12.png
视频效果
fx 运动
位置　360.0　288.0
缩放　120.0
缩放宽度　100.0
✓ 等比缩放

图 4-9-13　设置“12. jpg”的视频效果

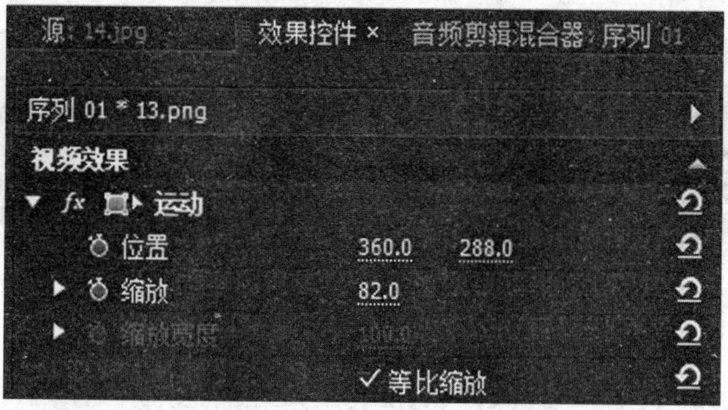

图 4-9-14 设置“13. jpg”的视频效果

图 4-9-15 设置“14. jpg”的视频效果

(8)导入素材“相册背景音乐 . MP3”，并拖曳其至时间线 A1 上。

(9)在“项目”面板中双击素材“1jpg”前的图标，则在“源”面板中可显示出素材“1jpg”的内容。将当前的时间设为 00：00：00：00，再在“源”面板上单击插入，即可将素材“1jpg”插入时间线上编辑标示线的后面，如图 4-9-16 所示。

(10)在菜单栏中选择【字幕】—【新建字幕】—【默认静态字幕】添加字幕。在弹出的对话框中，点击左边的文字工具T按钮，拖出两个文字框，依次输入“珞珈四季”和“FOUR SEASONS OF LUOJIA”，输入文字以后单击选择工具按钮，把两个文字框拖至中心位置。

(11)更改字幕属性。选择“珞珈四季”，在右侧的字幕属性中，把【字体系列】改为【微软雅黑】，【字体样式】为【Bold】，【字体大小】为 92，如图 4-9-17

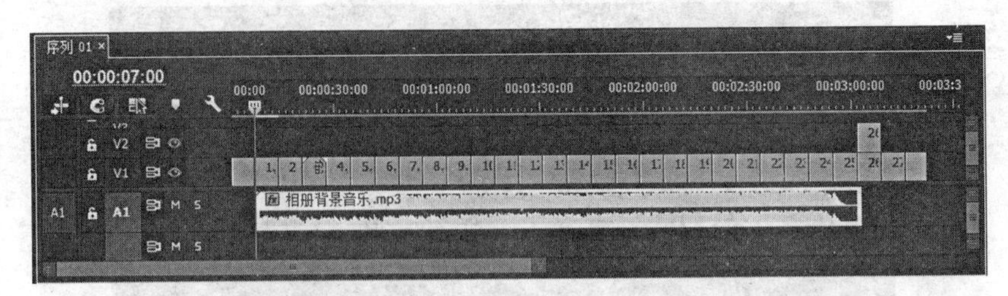


图 4-9-16　插入素材“1. jpg”

所示。再选择“FOUR SEASONS OF LUOJIA”，在右侧的字幕属性中，把【字体系列】改为【Arial】，【字体样式】为【Narrow】，【字体大小】为 30，如图 4-9-18 所示。最终效果如图 4-9-19 所示 。

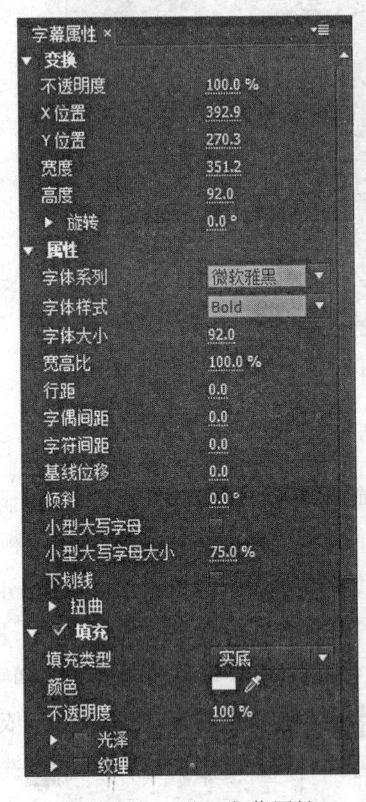


图 4-9-17　设置字幕属性

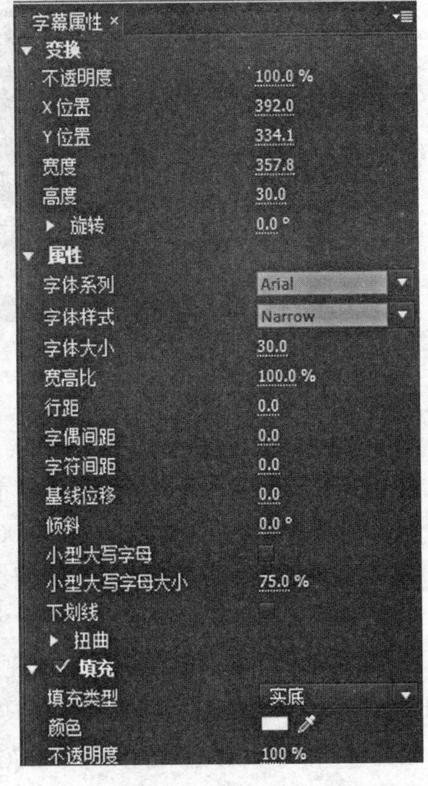


图 4-9-18　设置字幕属性

图 4-9-19 “字幕 01”的效果

(12)把“字幕 01”拖入至时间线 V2 轨道的 00：00：00：00 处，如图 4-9-20 所示。

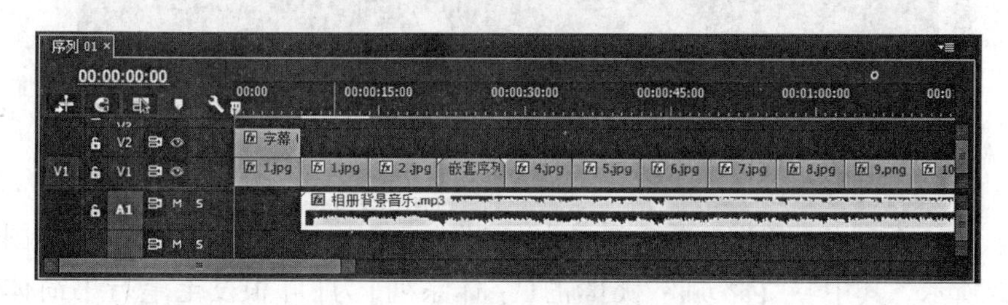


图 4-9-20 “字幕 01”拖曳至时间线上

(13)设置当前时间为 00：00：00：00，在时间线上选择第一个素材“1. jpg”，然后在效果控件面板下的“不透明度”更改参数。单击◇“添加/移除关键帧”按钮，即在 00：00：00：00 处添加关键帧，把【不透明度】设置为

【0%】，如图 4-9-21 所示。则在节目面板上 00：00：00：00 至 00：00：06：24 显示如图 4-9-22 所示。

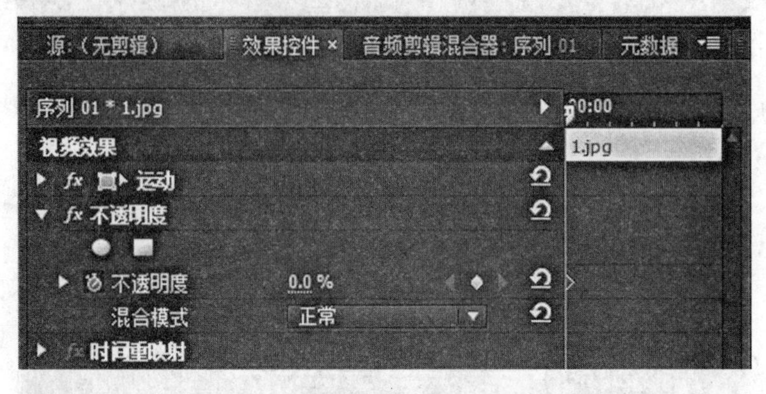


图 4-9-21　添加关键帧并设置不透明度

图 4-9-22　设置不透明度后的效果

（14）新建一个静态字幕，命名为“字幕 02”，添加文字，使得效果如图 4-9-23 所示。其中，“【珞珈 · 秋】”的【字体系列】为【叶根友毛笔行书简体】，【字体大小】为【40】；“秋日银杏齐飞舞 散入秋风满珞珈”的【字体系列】为【微软雅黑】，【字体样式】为【Bold】，【字体大小】为【25】。然后把“字幕 02”拖入时间线 V2 轨道上，置于“字幕 01”之后。

（15）新建一个静态字幕，命名为“字幕 03”，添加文字，使得效果如图 4-9-24 所示。其中，“奥场”的【字体系列】为【叶根友毛笔行书简体】，【字体大

图 4-9-23　添加“字幕 02”效果

小】为【60】；“AO CHANG”的【字体系列】为【Arial】，【字体样式】为【Narrow】，【字体大小】为【34】。然后把“字幕 03”拖入时间线 V2 轨道上，置于“字幕 02”之后。

图 4-9-24　添加“字幕 03”效果

(16)在时间线上选中"字幕 03"，再单击鼠标右键，选择【速度/持续时间】，在弹出的对话框中把【持续时间】设置为【00：00：14：00】。

(17)新建一个静态字幕，命名为"字幕 04"，添加文字，"樱顶"的【字体系列】为【叶根友毛笔行书简体】，【字体大小】为【65】，【填充颜色】为【# 8A7D6C】；"YING DING"的【字体系列】为【Arial】，【字体样式】为【Narrow】，【字体大小】为【30】；再用"矩形工具"拖出一个【宽度】为【149.7】，【高度】为【38.2】的矩形，【填充颜色】为【# 8A7D6C】，最终效果如图 4-9-25 所示。然后把"字幕 04"拖入时间线 V2 轨道上，置于"字幕 03"之后。

图 4-9-25　添加"字幕 04"效果

(18)新建一个静态字幕，命名为"字幕 05"，添加垂直文字，"鉴湖"的【字体系列】为【叶根友毛笔行书简体】，【字体大小】为【65】；"JIAN HU"的【字体系列】为【Arial】，【字体样式】为【Narrow】，【字体大小】为【40】；再用"矩形工具"拖出一个【宽度】为【135.7】，【高度】为【40】的矩形，【填充颜色】为【#A72D3A】，最终效果如图 7-26 所示。然后把"字幕 05"拖至时间线 V2 轨道，并置于"字幕 04"之后。

(19)新建一个静态字幕，命名为"字幕 06"，添加文字，"珞珈 · 冬"的【字体系列】为【叶根友毛笔行书简体】，【字体大小】为【100】，最终效果如图

图 4-9-26 添加“字幕 05”效果

4-9-27所示。然后把“字幕 06”拖至时间线 V2 轨道，并置于素材“7. jpg”的上方。

图 4-9-27 添加“字幕 06”效果

(20)新建一个静态字幕，命名为“字幕 07”，添加文字：“樱顶”的【字体系列】为【叶根友毛笔行书简体】，【字体大小】为【55】；“YING DING”的【字体系列】为【Arial】，【字体样式】为【Narrow】，【字体大小】为【30】；再用■“矩形工具”拖出一个【宽度】为【156.9】，【高度】为【70】的矩形，【填充颜色】为【#0B0B0B】，最终效果如图 4-9-28 所示。然后把“字幕 07”拖入时间线 V2 轨道上，置于“字幕 06”之后。

图 4-9-28　添加“字幕 07”效果

(21)新建一个静态字幕，命名为“字幕 08”，添加垂直文字：“老图”的【字体系列】为【叶根友毛笔行书简体】，【字体大小】为【66】；“LIBRARY”的【字体系列】为【Arial】，【字体样式】为【Narrow】，【字体大小】为【30】，再用“旋转工具”把“LIBRARY”旋转 90°，最终效果如图 4-9-29 所示。然后把“字幕 08”拖入时间线 V2 轨道上，置于“字幕 07”之后。

(22)分别新建静态字幕，命名为“字幕 09”、“字幕 10”、“字幕 11”、“字幕 12”、“字幕 13”，添加相应的文字，效果如图 4-9-30 至图 4-9-34 所示。

(23)添加特效。为素材“1. jpg”和素材“1. jpg”之间添加【渐隐为黑色】的视频过渡效果，设置【持续过渡时间】为【00：00：04：15】；为素材“1. jpg”和素材“2. jpg”之间添加【随机块】的视频过渡效果，设置【持续过渡时间】为【00：

图 4-9-29 添加“字幕 08”效果

图 4-9-30 添加“字幕 9”效果

00：03：00】；为素材“嵌套序列 .jpg”前边添加【棋盘擦除】的视频过渡效果，设置【持续过渡时间】为【00：00：03：00】；为素材“4. jpg”和素材“5. jpg”之间添加【双侧平推门】的视频过渡效果，设置【持续过渡时间】为【00：00：04：

图 4-9-31　添加“字幕 10”效果

图 4-9-32　添加“字幕 11”效果

00】；为素材“5. jpg”和素材“6. jpg”之间添加【带状擦除】的视频过渡效果，设置【持续过渡时间】为【00：00：04：00】；如图 4-9-35 所示。

图 4-9-33　添加“字幕 12”效果

图 4-9-34　添加“字幕 13”效果

(24)为素材“6. jpg”和素材“7. jpg”之间添加【渐隐为黑色】的视频过渡效果，设置【持续过渡时间】为【00：00：04：00】；为素材“7. jpg”和素材“8. jpg”之间添加【菱形划像】的视频过渡效果，设置【持续过渡时间】为【00：

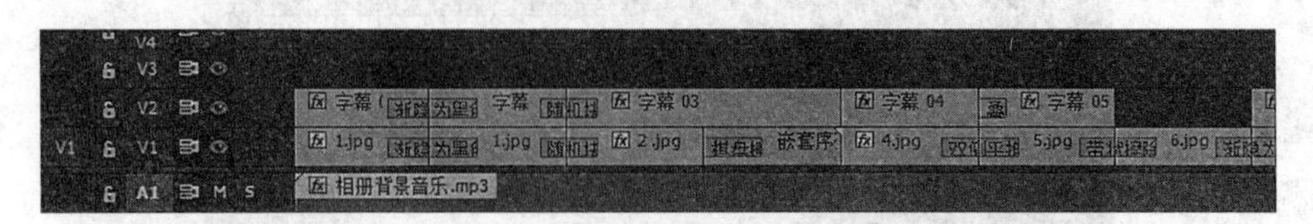


图 4-9-35　为素材添加过渡效果

00：04：10】；为素材“8. jpg”和素材“9. jpg”之间添加【螺旋框】的视频过渡效果，设置【持续过渡时间】为【00：00：04：00】；为素材“9. jpg”和素材“10. jpg”之间添加【油漆飞溅】的视频过渡效果，设置【持续过渡时间】为【00：00：04：00】；为素材“10. jpg”和素材“11. jpg”之间添加【随机块】的视频过渡效果，设置【持续过渡时间】为【00：00：04：00】；为素材“11. jpg”和素材“12. jpg”之间添加【渐隐为白色】的视频过渡效果，设置【持续过渡时间】为【00：00：04：15】。如图 4-9-36 所示。

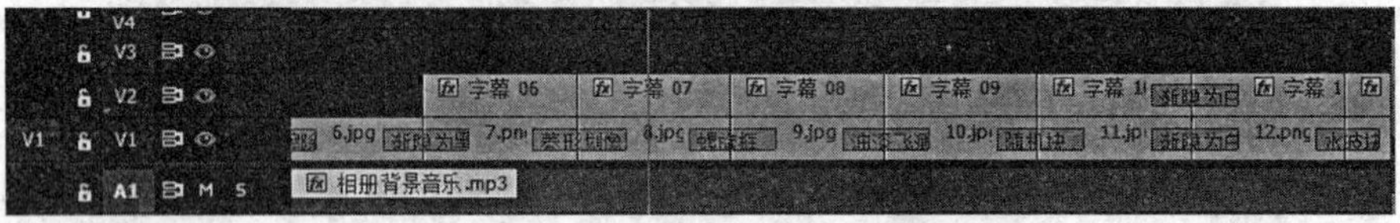

图 4-9-36　为素材添加过渡效果

(25)为素材“12. jpg”和素材“13. jpg”之间添加【水波块】的视频过渡效果，设置【持续过渡时间】为【00：00：03：00】；为素材“13. jpg”和素材“14. jpg”之间添加【翻页】的视频过渡效果，设置【持续过渡时间】为【00：00：04：00】；为素材“14. jpg”和素材“15. jpg”之间添加【交叉缩放】的视频过渡效果，设置【持续过渡时间】为【00：00：04：00】。如图 4-9-37 所示。

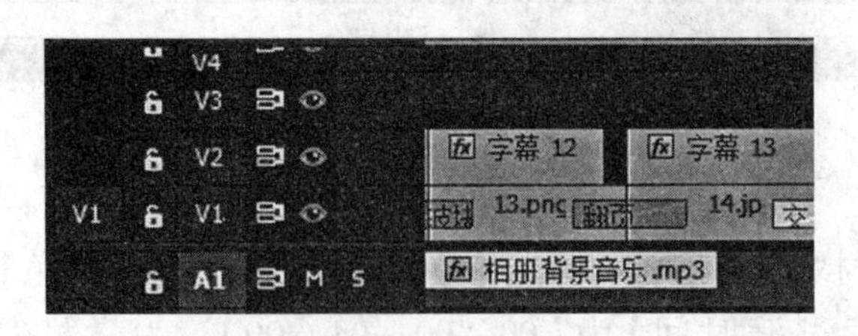


图 4-9-37　为素材添加过渡效果

(26)添加视频效果。在“效果”面板下的【视频效果】下的【调整】中，分别选择 “自动色阶”、“自动颜色”、“阴影/高光”并拖曳至素材“9. jpg”中。则在节目面板中明显可以看到素材“9. jpg”色调被调亮了。

(27)为字幕添加视频过渡效果。为“字幕 01. jpg”和“字幕 02. jpg”之间添加【渐隐为黑色】的视频过渡效果，设置【持续过渡时间】为【00：00：04：15】；为“字幕 02. jpg”和“字幕 03. jpg”之间添加【随机块】的视频过渡效果，设置【持续过渡时间】为【00：00：03：00】；为“字幕 03. jpg”前添加【叠加溶解】的视频过渡效果，设置【持续过渡时间】为【00：00：01：10】。

(28)为“字幕 10. jpg”和“字幕 11. jpg”之间添加【渐隐为白色】的视频过渡效果，设置【持续过渡时间】为【00：00：04：15】。

(29)选中所有的时间线上的字幕和素材，单击右键，选择【复制】。在时间线上的空白位置粘贴后，再选中刚刚粘贴的字幕和素材，单击右键，选择【嵌套】，得到一个【嵌套序列 02】。

(30)把时间线 V1 上的“15. jpg”设置【持续时间】为 27。并用剃刀工具在 00：01：53：00 处把其分成 2 段。

(31)选中最后一个“15. jpg”，把时间设置在 00：01：53：00 处，在“效果控件”中，单击◇“添加/移除关键帧”。把时间设置在 00：01：53：01 处，在“效果控件”中，单击◇“添加/移除关键帧”，并把【不透明度】设置为【0】。

(32)新建一个滚动字幕。滚动字幕的内容如图 4-9-38 所示。

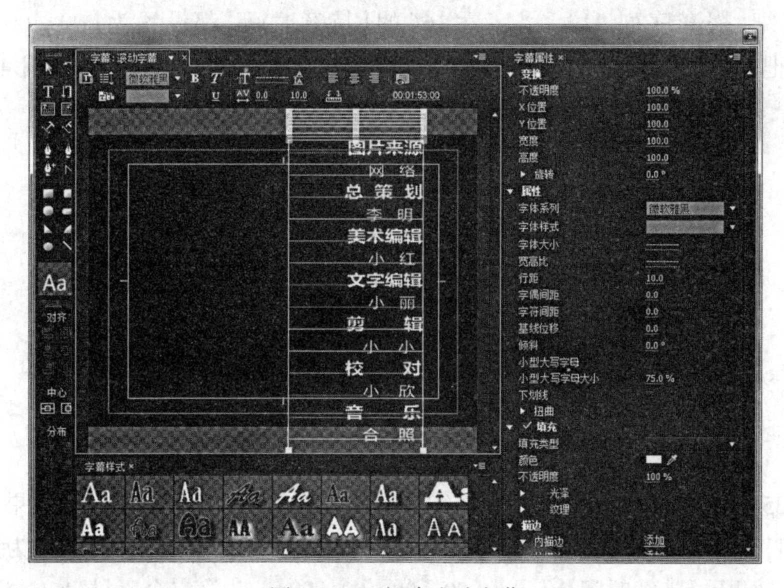


图 4-9-38　新建滚动字幕

(33)新建一个静态字幕，命名为“字幕 16”，字幕内容如图 4-9-39 所示。

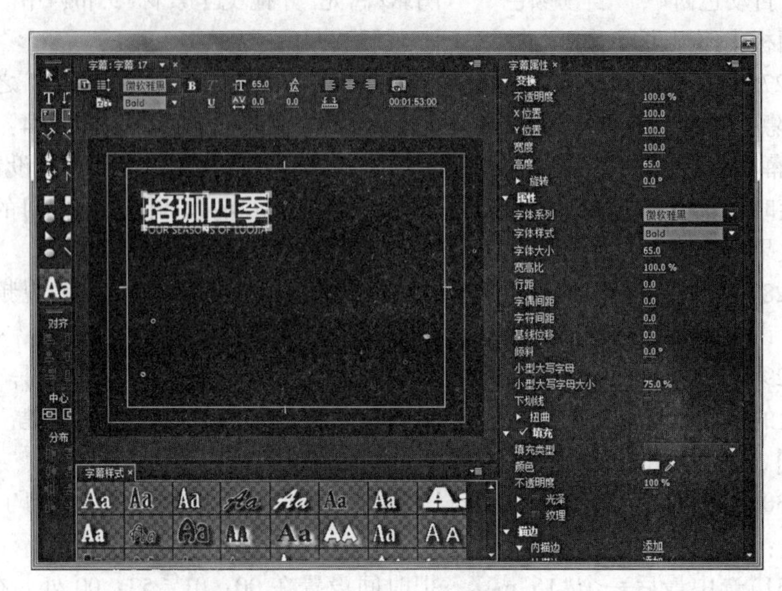

图 4-9-39 新建静态字幕“字幕 16”

(34)分别把项目面板上的素材“嵌套序列 02”、“滚动字幕”、“字幕 16”分别拖曳至时间线的轨道 V2、V3、V4 上，与轨道 V1 上的第二个“15. jpg”对齐，并把“嵌套序列 02”和“字幕 16”的【持续时间】都设置为【00：00：19：00】，把“滚动字幕”的【持续时间】都设置为【00：00：17：00】，如图 4-9-40 所示。

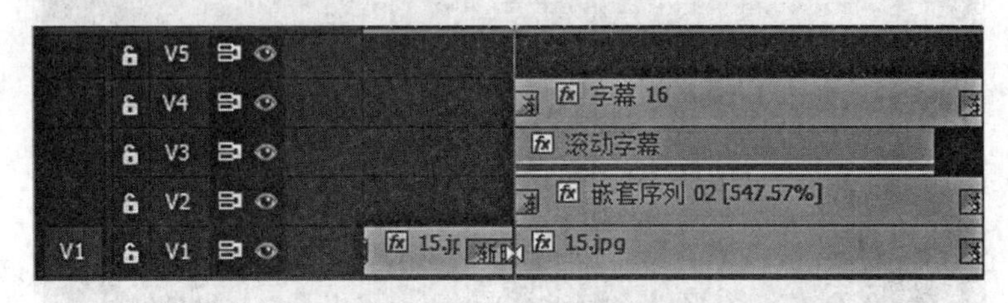

图 4-9-40 为轨道 V2、V3、V4 分别置入素材

(35)为“字幕 16“、“嵌套序列 02”前后添加【渐藏为黑色】的过渡效果，【持续时间】设置为【00：00：01：00】；为第一个素材“15. jpg”后添加【渐藏为黑色】的过渡效果，【持续时间】设置为【00：00：02：00】；为第二个素材“15. jpg”后添

加【渐藏为黑色】的过渡效果，【持续时间】设置为【00：00：01：00】。

(36)选中“嵌套序列02”，在“效果控件”中，把【位置】设置为(210，340)，【缩放】为【45】。如图4-9-41所示。

图4-9-41　更改“嵌套序列02”的位置

(37)为整个视频添加结尾部分。新建一个静态字幕“字幕17”，字幕内容如图4-9-42所示。

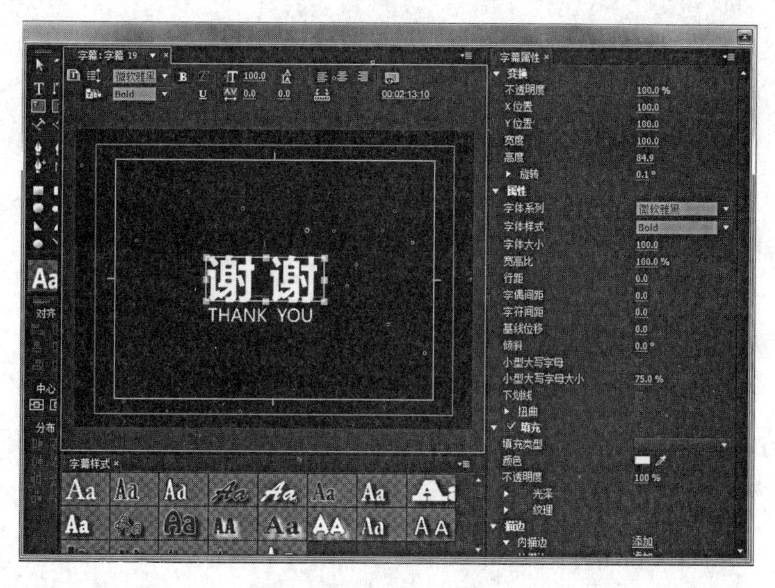


图4-9-42　添加“字幕17”

(38)把“字幕 17”拖曳至时间线轨道 V2 上，置于“嵌套序列 02”的后面。用剃刀工具，在 00：02：16：21 处把轨道 A1 的“相册背景音乐”截断，删除第二段。并在音频的第一段结尾添加【指数淡化】的音频过渡效果，如图4-9-43所示。

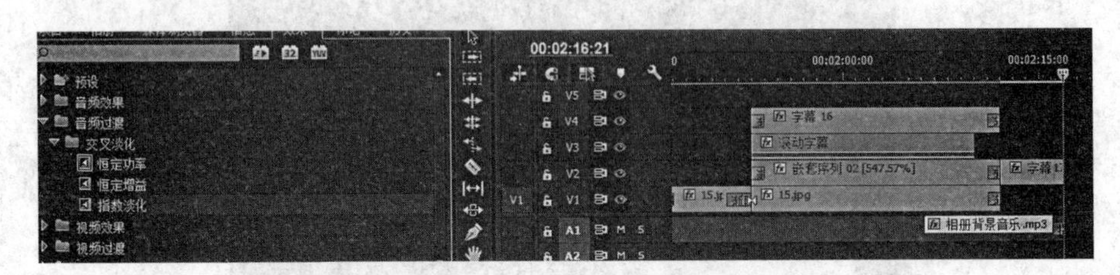


图 4-9-43　为“相册背景音乐“添加过渡效果

## 图书情报与信息管理实验教材

司　莉　信息组织实验教程

吴　丹　信息描述实验教程

肖秋会　档案信息组织与检索实验教程

许　洁　出版物排版制作软件实用教程

严炜炜　商务管理决策模型与技术试验教程

黄如花　胡永生　信息检索与利用实验教材

袁小群　数字出版物设计与制作

赵蓉英　信息计量分析工具理论与实践

吴志强　高级语言程序设计实验教程

陆颖隽　数据库原理与应用实验教程

王　林　信息系统分析与设计（课程设计）

王　平　严冠湘　多媒体技术应用实验教程

姜婷婷　信息构建实验

孙永强　社会调查与统计分析实验

张　敏　电子供应链理论与实践